石川圏　宮城圏
広島圏　　　　　　東京圏
福岡圏
大阪圏　愛知圏
香川圏
沖縄圏

口絵 1　圏に基づく都道府県別人口密度データの分類 →31 ページ

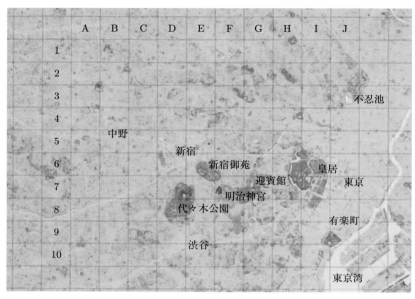

口絵 2 東京都心地区の NDVI 値 →34 ページ

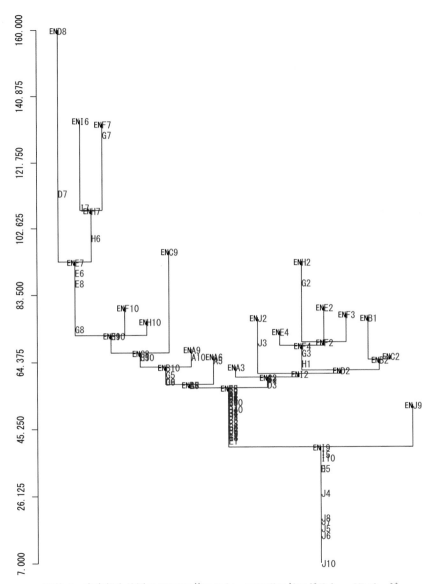

口絵 3 東京都心地区の NDVI 値のエシェロンデンドログラム →37 ページ

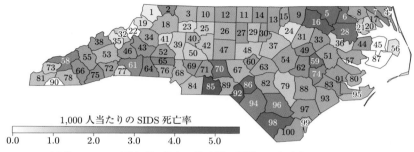

口絵 4 SIDS 死亡率の分布. 値は郡の識別 ID を示す →56 ページ

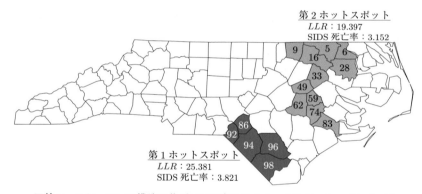

口絵 5 エシェロンの構造に基づいて同定されたホットスポット →61 ページ

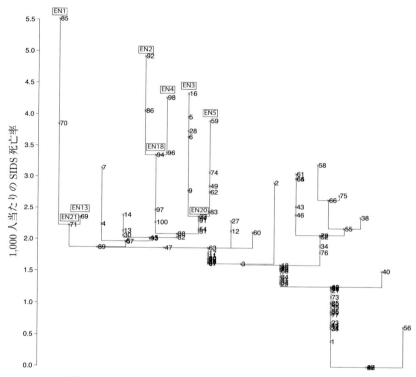

口絵 6 SIDS 死亡率のエシェロンデンドログラム →59 ページ

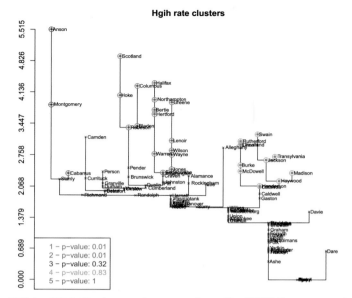

口絵 7 SIDS データへのエシェロンスキャン法の適用結果 →88 ページ

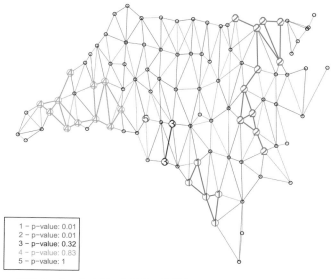

High rate clusters

1 – p-value: 0.01
2 – p-value: 0.01
3 – p-value: 0.32
4 – p-value: 0.83
5 – p-value: 1

口絵 8 ホットスポット候補の位置を示した模式図 →88 ページ

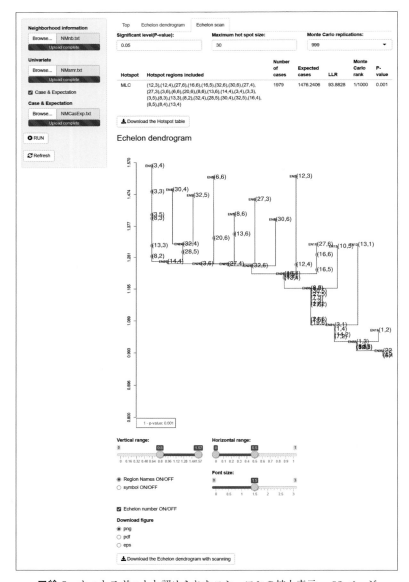

口絵 9 ホットスポットと認められたエシェロンの拡大表示 →92 ページ

栗原考次・石岡文生　著

統計学

エシェロン解析

階層化して視る時空間データ

19

One Point

共立出版

「統計学 One Point」編集委員会

「統計学 One Point」刊行にあたって

　まず述べねばならないのは，著名な先人たちが編纂された共立出版の『数学ワンポイント双書』が本シリーズのベースにあり，編集委員の多くがこの書物のお世話になった世代ということである．この『数学ワンポイント双書』は数学を理解する上で，学生が理解困難と思われる急所を理解するために編纂された秀作本である．

　現在，統計学は，経済学，数学，工学，医学，薬学，生物学，心理学，商学など，幅広い分野で活用されており，その基本となる考え方・方法論が様々な分野に散逸する結果となっている．統計学は，それぞれの分野で必要に応じて発展すればよいという考え方もある．しかしながら統計を専門とする学科が分散している状況の我が国においては，統計学の個々の要素を構成する考え方や手法を，網羅的に取り上げる本シリーズは，統計学の発展に大きく寄与できると確信するものである．さらに今日，ビッグデータや生産の効率化，人工知能，IoT など，統計学をそれらの分析ツールとして活用すべしという要求が高まっており，時代の要請も機が熟したと考えられる．

　本シリーズでは，難解な部分を解説することも考えているが，主として個々の手法を紹介し，大学で統計学を履修している学生の副読本，あるいは大学院生の専門家への橋渡し，また統計学に興味を持っている研究者・技術者の統計的手法の習得を目標として，様々な用途に活用していただくことを期待している．

　本シリーズを進めるにあたり，それぞれの分野において第一線で研究されている経験豊かな先生方に執筆をお願いした．素晴らしい原稿を執筆していただいた著者に感謝申し上げたい．また各巻のテーマの検討，著者への執筆依頼，原稿の閲読を担っていただいた編集委員の方々のご努力に感謝の意を表するものである．

編集委員会を代表して　鎌倉稔成

まえがき

　近年，計測技術の進展により各分野で大規模データベースが構築され，研究対象は複雑化・大規模化するとともに，情報を効果的・効率的に収集・集約し，革新的な科学的手法により知識発見や新たな価値を創造する高度な解析が求められています．こうした環境下，統計科学の主な課題は，線形モデルによる解析から非線形な解析，時点や空間を固定したデータの解析から時系列・空間的な解析と複雑化し，各分野固有の知識を必要とする，より高度なモデルや手法の開発へと移行しています．

　リモートセンシングデータや地域データのような空間的位置を持つ空間データの構造を解析するためには，データを二次元，三次元的に表示するデータの可視化が有効です．地理情報システム (Geographic Information System, GIS) や最新のコンピューター機能は，こうした空間データ解析の強力なツールとして使用されていますが，空間データ構造の客観的な表現は困難であり，それらの解釈は主観的です．

　こうした問題に対して，エシェロン解析 (echelon analysis) は，空間的な位置を表面上のデータの高低に基づき分割し，空間データの位相的な階層構造を系統的かつ客観的に視覚化するために開発されました．echelon とは，もともとは航空機などの梯隊のことで，同位相を持つ空間データの階層が隊列をなしていることに由来しています．エシェロンは，位置情報を持つ観測データの相対的に高い値と低い値を持つ領域に基づき，同じトポロジー構造を持つ領域全体の表面上の値を集約し，領域を階層的に表現します．エシェロンは，領域の表面を最上部から最下部までスキャンするとき，ピーク，スロープ，サドル等によって発生します．

　エシェロン解析の最大の長所は，次元を問わず隣接情報が与えられた空間データに対して，その構造が客観的に階層化できることです．データの分布や構造を調べるために，ヒストグラム，箱ひげ図，幹葉図，散布図，散布図行列を使用するのと同様に視覚的に記述することができます．さら

に，本書で紹介したエシェロン構造を用いた圏，有意に高い値を示す地域（ホットスポット）の検出をはじめ，多次元時空間データへの拡張，多変量時空間データへの拡張などより高度な時空間データ解析への展開が数多くあるということです．

　本書では，エシェロン解析の基礎となる考え方やアルゴリズム，さらに，エシェロンの構造を利用した応用例として，圏による地域の分類，リモートセンシングデータの分析，ホットスポットの検出，そして，エシェロン解析のためのソフトウェアを取り上げました．本書で取り上げた以外のエシェロンの構造を利用した空間データの分析法については，別の機会に取り上げたいと思います．

　さて，本書はエシェロン解析に関する世界で最初の著書ですので，筆者らのこれまでの取り組みについて簡単にご紹介したいと思います．エシェロン解析は，1999 年に栗原が故松下嘉米男先生からご紹介していただいた米国ペンシルバニア州立大学統計生態学および環境統計センターの G. P. Patil 先生の研究室に文部省在外研究員として出張しているとき，ゼミナールにおいて W. L. Myers 先生から紹介され初めて出会いました．帰国後も，エシェロン解析に関する国際共同研究は続きましたが，2002 年ニューヨークでの JSM (Joint Statistical Meeting)，2005 年モントリオールでの ESA2005 (Ecological Society of America) での招待講演は良い経験でした．特に，年末年始にインドの統計学者が参集し行っていたインド，ハイデラバードでの国際学会では，年末に講演を行い，初日の出を飛行機の中で迎えたのはいまとなってはよい思い出です．また，石岡は2007 年に Patil 先生からの招きで米国ペンシルバニア州立大学で開催された Hotspot Geoinformatics に関するワークショップに参加し，当時から開発を始めていたエシェロン解析のソフトウェアなどについて講演を行いました．Myers 先生にはその内容について大変興味を持っていただき，“I encourage putting the R-based echelon software in the CRAN library of contributed modules.” というメッセージをいただいたことはその後の研究活動の励みとなりました．それから苦節十数年を経て，現在，R パッケージ echelon が CRAN で公開されています．

エシェロン解析については，これまで多くの共同研究者とともに研究を推進してきました．ホットスポット検出では，水藤寛先生（三次元環境汚染データのホットスポット検出），韓相勲先生（韓国地震データのホットスポット検出），冨田誠先生（ゲノムデータの LD ブロック同定），小田牧子先生（パッチに基づく森林の分類），多変量空間データへの応用では，洪韓杓先生（ボロノイ空間），文勝浩先生（主成分空間），エシェロン解析の応用では，羅明振先生（最適配置），金秀栏先生（空間データの外れ値検出），湊真一先生，水田正弘先生，川原純先生（格子の隣接ブロックの網羅的数え上げ）などがあげられます．ソフトウェアの開発は，石岡および梶西将司先生が中心となり，その研究開発を進めてきました．なるべく早く公開しようと考えていたのですが，もう少し機能を増やしてからと思っているうちに，あっという間に 20 年が経ってしまったという感じです．

最後になりましたが，本書を作成するにあたり，防衛医科大学の小田牧子先生，岡山大学統計学教室の梶西将司氏（当時），竹村祐亮氏，神原あん氏には，本書の原稿を丁寧にご確認いただきました．また，閲覧者の先生方には原稿を隅々まで確認するとともに的確なご指摘をいただき，本書の内容の改善に役立ちました．今まで共同研究を行ってきた，上記の諸先生，もちろん，Patil 先生，Myers 先生，さらに，当時エシェロン解析の研究を進めるきっかけとなった在外研究を快く認めていただいた岡山大学の田中豊先生，垂水共之先生，故大竹正徳先生には深く感謝いたします．

また，統計学 One Point シリーズ編集委員長の鎌倉稔成先生には，本書の執筆を勧めていただいたことに感謝いたします．出版にあたっては，共立出版株式会社編集部の菅沼正裕氏には，約 2 年前に原稿の依頼を受けて以来，長期にわたり執筆を始めるまでお待ちいただくとともに，原稿が遅れがちな筆者を励まし見守っていただきました．さらに，編集制作部の大久保早紀子氏には編集作業を丹念に担当していただきました．ここに記してこれらの方々に心から感謝の意を表したいと思います．

2021 年 3 月

栗原考次，石岡文生

<h1 style="text-align: center">目　　次</h1>

第**1**章

空間データ

1.1　空間データ解析

　各種の分野で得られる多様な情報に対して，データの可視化を行ったりデータに含まれる不確定要素やばらつきを客観的かつ科学的に分析し，データに内存するメカニズムを的確に表現するモデルの構築や理論的な性質を調べることが重要である．特に，多くの分野のデータは，空間的位置情報をともなった**空間データ** (spatial data) として得られることが多く，データが得られた分野の専門知識を最大限に活用し，これらのメカニズムを解明していくことが中心的課題となる．**空間統計解析** (spatial statistical analysis) は，分析される対象の位置もしくは空間的な配置の重要性を想定しており，観測値の非独立性に関心がある．空間データは，環境科学，疫学，地理学，地質学，経済学，生態学，森林学，天文物理学，ゲノム解析学などの空間的な変動やパターンに関連する専門分野において重要である．

　近年，**リモートセンシング** (remote sensing)，**全地球測定システム** (Global Positioning System, **GPS**) などの計測技術の発展，さらに，**地理情報システム** (Geographic Information System, **GIS**) や統計解析ソフトウェアの研究開発により，空間データの収集・解析が容易になってきた．

　まず最初に，空間データを扱う分野として，環境分野，空間疫学，地質学の例を紹介する．

　環境科学では，リモートセンシング技術による自然環境に関わる大規模なデータの観測が行われている．特に，静止気象衛星「ひまわり」や極軌道衛星「ランドサット」の映像は気象観測，大気・海域・陸域環境や土地被覆状況の把握に欠かせないものとなっている．リモートセンシングデータとは，対象とする領域の物体から反射または放射される可視光，紫外線，赤外線などの電磁波の反射率を分解能（たとえば 30 m）の画素として得られる．通常，いくつかの波長帯（バンド）においてデータは観測されるので，空間的位置構造を持つ多変量データとして与えられる．

　空間疫学 (spatial epidemiology) では，地域的または時間的な分布や傾向を調査・分析し，感染症等の発生リスクに特定の場所や時間がどう関与しているのかを研究する．疾病地図を用いた研究として，1854 年に J. Snow は，ロンドンでコレラ患者の住居をプロットし，ある井戸の周辺に多いことを発見し，井戸の水が感染源であることを発見している．こうした**空間集積性** (spatial cluster, hotspot) の検出を行うことは 1 つの大きな課題である．

　地質学では，地下資源の開発は長期的な投資を必要とし，鉱物，石油等の地下資源埋蔵量を予測することは重要な課題である．そのために，地質，植生，化石などのデータを利用し鉱床の位置を特定し，鉱床の中のいくつかの地点でボーリング調査を行い，埋蔵量の予測を行う．鉱山学者の D. G. Krige は，ボーリング地点のデータを基に，全体の鉱石品位の分布の推定法の研究を行った．こうした方法は**クリギング** (kriging) とよばれ，距離の近い観測点のデータは大きな類似性を持つという空間相関構造を利用して，空間補間を行う．

　本書では，空間データを数学的には以下のように表現する．実数全体を $\mathbb{R}$，d 次元ユークリッド空間を $\mathbb{R}^d$ とし，空間集合 $S \subset \mathbb{R}^d$ に対して，観測値は，$\mathbf{s} \in S$ においてある値 $Z(\mathbf{s})$ をとる空間ランダム過程 $\mathcal{Z} = \{Z(\mathbf{s}) : \mathbf{s} \in S\}$ として得られる．観測値が得られる位置 $\mathbf{s}$ は，事前に固定されているかランダムである．S は通常二次元空間（平面）を想定しているが，ライントランセクトに沿うフィールド調査のような一次元，石油，鉱物，採鉱 3D 画像のような三次元空間の部分集合もありうる．

1.2　空間データの種類

　空間データはその構造により，**地球統計データ** (geostatistical data)，**空間点パターンデータ** (point pattern data)，**格子データ** (lattice data) の３つに分類することができる (Cressie, 1993)．地球統計データは鉱物の含有量，降雨量など特定の地点で観測されるデータ，空間点パターンデータは位置自体が興味の対象となるデータ，格子データはリモートセンシングデータや市町村における病気の発生率など領域内で観測されるデータである．

1.2.1　地球統計データ

　地球統計データは，**地点参照データ** (point referenced data) ともよばれ，特定の場所で収集された空間的に連続した現象に関する観測値として得られる．典型的な例は，降雨データ，土壌のデータ，データの特性（多孔性，湿潤性など），石油と鉱物探索データ，大気と地下水データなどである．

　地球統計データは，n 個の固定された地点 $\{\mathbf{s}_1, \mathbf{s}_2, \ldots, \mathbf{s}_n\} \in S$ で観測される．S は $\mathbb{R}^d$ の連続な部分集合である．$Z(\mathbf{s}_1), Z(\mathbf{s}_2), \ldots, Z(\mathbf{s}_n)$ は，地点 $\mathbf{s}_1, \mathbf{s}_2, \ldots, \mathbf{s}_n$ の変数 Z の観測値であるとすると，空間ランダム過程 $\mathcal{Z} = \{Z(\mathbf{s}) : \mathbf{s} \in S\}$ は**確率場**とよばれる．

　地球統計学では，空間での現象を確率場で定常性などの仮定に基づきモデル化し，いくつかの地点 $\mathbf{s}$ のみで観測される値を利用して，任意の地点での確率場の値 Z を予測する．

1.2.2　空間点パターンデータ

　空間点パターンデータは，観測地点 $\mathbf{s}$ そのものが確率変数になるデータで，観測点のパターンがランダムなのか，クラスターがあるか，または規則性を示しているかどうかが問題となる．

　典型的な例として，生態学と森林学における植物や動物の種の分布，疫学における病気にかかった場所や空間的な病気の拡大，地震学における地

震の震源地，物質科学での亀裂や隙の位置，生物学や医学での組織学にお
ける細胞や腫瘍の中心位置，犯罪現場分析での窃盗の場所などがあげられ
る．

　いま，$Z(\mathbf{s})$ として，$\mathbf{s}$ で事象（地震など）が起きたとき $Z(\mathbf{s}) = 1$，$\mathbf{s}$
で事象（地震など）が起きなかったとき $Z(\mathbf{s}) = 0$ とすると，

$$\mathcal{Z} = \{\mathbf{s} : Z(\mathbf{s}) = 1, \mathbf{s} \in S\} \tag{1.1}$$

は，地震が起きた地点全体を表す．一般に，地点の個数は有限でありラン
ダムな地点の集まり $\{\mathbf{s}_1, \mathbf{s}_2, \ldots, \mathbf{s}_n\} \in S$ で観測される．また，それぞれ
の位置 $\mathbf{s}$ でランダムな値 N が追加的に記録されるとき，マーク付きとよ
ばれる．たとえば，地震の強さ，亀裂の長さ，植物の高さまたは直径など
である．マーク付き空間点パターンデータでは，$\mathcal{Z}$ と N の関連なども研
究課題となる．

1.2.3　格子データ

　格子データ (lattice data) は**地域データ** (areal data) ともよばれ，空間
領域全体（行政上の単位，土地の区画地域）から得られるデータである．
典型的な例としては，都道府県別の人口特性や感染者数，地域別のがん発
生率，衛星から得られる地球の表面リモートセンシングデータ，画像テク
スチャデータなどである．格子データには，規則的または不規則的に配置
されるデータの2種類があり，**規則的な格子**はピクセルやボクセルとし
て規則的に配置され幾何学的構造を持っているが，**不規則的な格子**は予測
可能な規則的な構造を持たない．

　格子データは，d 次元のユークリッド空間の有限個の固定された集合
（格子）S において，確率場 $\mathcal{Z} = \{Z(\mathbf{s}) : \mathbf{s} \in S\}$ を生成する．規則的
な場合，S は整数値座標における画素が与えられた画像データの格子な
どである．不規則な場合，S は地域領域に対応した格子である．$Z(\mathbf{s})$ は，
地点 $\mathbf{s}$ における観測値の場合もあるが，格子全体の集計値を格子内の代
表地点（中心）$\mathbf{s}$ の観測値として与える場合もある．格子 S では，観測値
$Z(\mathbf{s})$ とともに**近傍** (neighbor) に関する情報が付加される．格子の間は隣

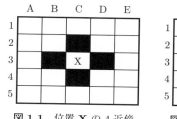
図 1.1 位置 **X** の 4 近傍

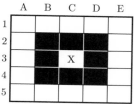
図 1.2 位置 **X** の 8 近傍

接グラフのネットワークとして表現し，格子データの代表地点 s を頂点とし，格子の近傍は頂点間のエッジで接続される．近傍情報は通常，格子間の共通の境界の共有に基づくことが多いが，2 つの格子間の距離に基づく定義もある．

　この種のタイプのデータに対する解析の目的は，空間的な相関関係の計量化，予測，テクスチャの分類と統合，画像の平滑化と復元などである．

1.3　格子データの近傍

　格子データでは，格子内の地点 $s \in S$ における観測値 $Z(s)$ とともに**格子の近傍**（隣接を含む）に関する情報が付加される．一般的には，近傍は地点 s を中心として任意の半径で円を描いたとき，その円内の地点全体の集合のことで，近傍も含めて地点 s ということもある．格子データでは，地点 s_0 以外のすべての地点 s で条件づけた条件付き分布

$$P\{Z(s_0) : Z(s), s \neq s_0\} \tag{1.2}$$

が地点 $s(\neq s_0)$ の値 $Z(s)$ に依存するとき，地点 s は地点 s_0 の近傍であるという．つまり，地点 s における値 $Z(s)$ は位置 s_0 における値 $Z(s_0)$ と直接の従属関係を持つ．

　規則的な格子の近傍の例として，5 × 5 の格子における **4 近傍** (4-neighborhood) と **8 近傍** (8-neighborhood) をそれぞれ図 1.1 および図 1.2 に示している．

　次に，不規則的な格子の例として，図 1.3 のような全国都道府県別地図

図 1.3　全国都道府県別地図

を考える．図 1.3 のような日本地図に対して，47 都道府県に共通の境界
線を共有している場合を隣接と見なすと，**隣接情報**として表 1.1 を得る．

　ただし，北海道，本州，四国，九州の 4 島については，隣接の定義を
拡張し，北海道と青森は青函トンネル，兵庫と徳島は明石海峡大橋や大鳴
門橋などの神戸淡路鳴門自動車道，岡山と香川は下津井瀬戸大橋などの瀬
戸中央自動車道，広島と愛媛は来島海峡大橋などの西瀬戸自動車道，山口
と福岡は関門トンネルおよび関門橋でつながっているので隣接している
と見なす．また，沖縄については解析の都合上鹿児島と隣接することにす
る．なお，神奈川と千葉は東京湾アクアラインでつながっているが，ここ
では隣接していると見なさない．

表 1.1 47 都道府県の隣接情報

ID	都道府県	隣接する都道府県						
1	北海道	青森						
2	青森	北海道	岩手	秋田				
3	岩手	青森	宮城	秋田				
4	宮城	岩手	秋田	山形	福島			
5	秋田	青森	岩手	宮城	山形			
6	山形	宮城	秋田	福島	新潟			
7	福島	宮城	山形	茨城	栃木	群馬	新潟	
8	茨城	福島	栃木	埼玉	千葉			
9	栃木	福島	茨城	群馬	埼玉			
10	群馬	福島	栃木	埼玉	新潟	長野		
11	埼玉	茨城	栃木	群馬	千葉	東京	山梨	長野
12	千葉	茨城	埼玉	東京				
13	東京	埼玉	千葉	神奈川	山梨			
14	神奈川	東京	山梨	静岡				
15	新潟	山形	福島	群馬	富山	長野		
16	富山	新潟	石川	長野	岐阜			
17	石川	富山	福井	岐阜				
18	福井	石川	岐阜	滋賀	京都			
19	山梨	埼玉	東京	神奈川	長野	静岡		
20	長野	群馬	埼玉	新潟	富山	山梨	岐阜	静岡 愛知
21	岐阜	富山	石川	長野	愛知	三重	滋賀	
22	静岡	神奈川	山梨	長野	愛知			
23	愛知	長野	岐阜	静岡	三重			
24	三重	岐阜	愛知	滋賀	京都	奈良	和歌山	
25	滋賀	福井	岐阜	三重	京都			
26	京都	福井	三重	滋賀	大阪	兵庫	奈良	
27	大阪	京都	兵庫	奈良	和歌山			
28	兵庫	京都	大阪	鳥取	岡山	徳島		
29	奈良	三重	京都	大阪	和歌山			
30	和歌山	三重	大阪	奈良				
31	鳥取	兵庫	島根	岡山	広島			
32	島根	鳥取	広島	山口				
33	岡山	兵庫	鳥取	広島	香川			
34	広島	鳥取	島根	岡山	山口	愛媛		
35	山口	島根	広島	福岡				
36	徳島	兵庫	香川	愛媛	高知			
37	香川	岡山	徳島	愛媛				
38	愛媛	広島	徳島	香川	高知			
39	高知	徳島	愛媛					
40	福岡	山口	佐賀	熊本	大分			
41	佐賀	福岡	長崎					
42	長崎	佐賀						
43	熊本	福岡	大分	宮崎	鹿児島			
44	大分	福岡	熊本	宮崎				
45	宮崎	熊本	大分	鹿児島				
46	鹿児島	熊本	宮崎	沖縄				
47	沖縄	鹿児島						

第 2 章

エシェロン解析による
空間データの分類

2.1 一次元空間データの分類

2.1.1 一次元格子データのエシェロン

一次元の格子データは，地形の断面図のようなデータで，数直線上の位置 x とデータの値 $h(x)$ を用いて $(x,\ h(x))$ で与えられる．一次元格子データの場合は区間データと見なすことができる．例として，表 2.1 のような自然数 i $(i = 1, 2, \ldots, 25)$ を中心とする等間隔な区間 $I(i) = l_1(i) = [i - 0.5,\ i + 0.5]$ において，$h(i)$ を持つ状況を考える．また，便宜上それらの区間に A から Y と名前をつける．

データの値 $h(x)$ に基づき，通常用いられているクラスター分析による分類を行うと以下の 7 つのグループに分類することができる．

$$1 : A, W, Y \quad 2 : B, J, V, X \quad 3 : C, E, I, K, U \quad 4 : D, F, H, L, T \tag{2.1}$$
$$5 : G, M, O, S \quad 6 : N, P, R \quad 7 : Q$$

しかし，こうした分類においては空間的な情報が利用されていない．すなわち，B に A と C が隣接しているという情報が活用されていない．そこで，空間データの位相的な構造による分類を考える．図 2.1 は表 2.1 の空間データに対して横軸に区間の名称，縦軸にデータの値を表すとともに，位相的に同じ 9 つの階層を示している．この階層のことをエシェロン (echelon) という (Myers et al., 1997)．図 2.1 で与えられる番号がエシェロン番号であり，1 から 5 までのピーク (peak) と 6 から 9 までのファ

表 2.1 一次元空間データ

i	1	2	3	4	5	6	7	8	9	10	11	12	13	14	15
ID	A	B	C	D	E	F	G	H	I	J	K	L	M	N	O
$h(i)$	1	2	3	4	3	4	5	4	3	2	3	4	5	6	5
i	16	17	18	19	20	21	22	23	24	25					
ID	P	Q	R	S	T	U	V	W	X	Y					
$h(i)$	6	7	6	5	4	3	2	1	2	1					

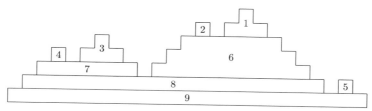

$$A\ B\ C\ D\ E\ F\ G\ H\ I\ J\ K\ L\ M\ N\ O\ P\ Q\ R\ S\ T\ U\ V\ W\ X\ Y$$

図 2.1 一次元空間データの同じ位相領域への分類

ウンデーション (foundation) から構成される.

これらのエシェロンを $EN(i)$ $(i = 1, 2, \ldots, 9)$ と表すことにする. ピークはエシェロンを用いて,

$$EN(1) = \{P, Q, R\},\ EN(2) = \{N\},\ EN(3) = \{F, G, H\},$$
$$EN(4) = \{D\},\ EN(5) = \{X\}, \tag{2.2}$$

と表現され, ファウンデーションはエシェロンを用いて以下のように表される.

$$EN(6) = \{K, L, M, O, S, T, U\},\ EN(7) = \{C, E, I\},$$
$$EN(8) = \{B, J, V\},\ EN(9) = \{A, W, Y\} \tag{2.3}$$

また, 基盤となるファウンデーション $EN(9)$ は**ルート** (root) ともよばれる.

これらのエシェロンの関係は, 9(8(7(4 3) 6(2 1)) 5) のように, エシェ

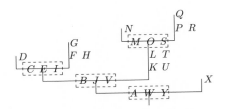

図 2.2　一次元空間データの階層構造

ロン番号を利用し階層構造によって表現することができる.

　エシェロンに $a(b\ c)$ の関係が成り立つとき，エシェロン $EN(a)$ の**子孫** $CH(EN(a))$ お よ び **一族** $FM(EN(a))$，また，エシェロン $EN(b)$，$EN(c)$ の親 $PA(EN(b))$，$PA(EN(c))$ を以下のように定義する.

$$CH(EN(a)) = EN(b) \cup EN(c) \tag{2.4}$$

$$FM(EN(a)) = EN(a) \cup CH(EN(a)) \tag{2.5}$$

$$PA(EN(b)) = EN(a), \quad PA(EN(c)) = EN(a) \tag{2.6}$$

　次に，エシェロンの関係性を，表 2.1 のデータで考える. ピーク $EN(1)$ に属する区間 $\{P, Q, R\}$ の値 $(7, 6)$ は，隣接する区間（隣接区間）$\{O, S\}$ の値 (5) より大きい. 区間 $\{O, S\}$ の値 (5) は，$\{O\}$ の隣接区間 $\{N\}$ の値 (6) より小さいので，ピーク $EN(1)$ には属さない. ピーク $EN(2)$ に属する区間 $\{N\}$ の値 (6) は，隣接区間 $\{M, O\}$ の値 (5) より大きい. 区間 $\{M, O\}$ の値 (5) は，$\{O\}$ の隣接区間 $\{P\}$ の値 (6) より小さいので，ピーク $EN(2)$ には属さない. 以下同様に，ピーク $EN(3)$，$EN(4)$，$EN(5)$ が構成される. ファウンデーション $EN(6)$ は，ピーク $EN(1)$ とピーク $EN(2)$ に対して，区間 $\{M, O, S\}$ においてファウンデーションとなり，同位相のファウンデーションとして区間 $\{K, L, T, U\}$ が含まれる. 表 2.1 のデータの構造は，図 2.2 のように階層構造を示すデンドログラムとして表すことができる.

2.2　エシェロンを求めるためのアルゴリズム

2.2.1　エシェロンの近傍

　エシェロンは隣接した格子の値を比較しながら構成される．エシェロンを構成するための手順を示すために**近傍**を定義する．ここでは，隣接するデータを近傍とする．一般には，位置 y における値 $h(y)$ が位置 x における値 $h(x)$ と従属関係を持つとき近傍であるという．

　自然数 NL に対して等間隔な区間 $I(i) = [i - 0.5,\ i + 0.5]$ $(i = 1, 2, \ldots, NL)$ を考えるとき，その近傍 $NB(I(i))$ は以下のように与えられる．

$$NB(I(i)) = \begin{cases} \{I(i+1)\}, & i = 1 \\ \{I(i-1),\ I(i+1)\}, & 1 < i < NL \\ \{I(i-1)\}, & i = NL \end{cases} \tag{2.7}$$

また，エシェロン $EN(j)$ $(j = 1, 2, \ldots, NE)$ に対して，近傍 $NB(EN(j))$ は次式で示される．ただし，NE はエシェロンの個数である．

$$NB(EN(j)) = \bigcup_{i \in FM(EN(j))} NB(i) - \bigcup_{i \in FM(EN(j))} I(i) \tag{2.8}$$

ここに，$A - B = A \cap \{B^c\}$ および $NB(\phi) = \phi$ である．

2.2.2　エシェロンを求める手順

　エシェロンのピークおよびファウンデーションは，次の 2 つの Stage を適用することにより求められる．ここに，表 2.2 は，エシェロンを求める手順で使用する変数を示している．また，具体的にエシェロンを求めるために必要な情報およびアルゴリズムは付録 A に掲載している．

　なお，アルゴリズムおよび手順の説明では，説明を簡略化するために $EN(i)(i = 1, 2, \ldots, NE)$ は整数の集合として取り扱う．また，データとは格子データ，$H(NB(M)) = \{H(i) | i \in NB(M)\}$ を表す．

表 2.2　エシェロンを求める手順で使用する変数

変数名	要素
$H(i)$	$\{\,h \mid h\text{ は格子 }i\text{ のデータの値}\,\}$
$NB(i)$	$\{\,k \mid k\text{ は格子 }i\text{ の近傍}\,\}$
$EN(i)$	$\{\,k \mid k\text{ は第 }i\text{ エシェロンに含まれる格子}\,\}$
$NB(EN(j))$	$\{\,k \mid k\text{ は第 }j\text{ エシェロンの近傍}\,\}$ $= \cup_{l \in EN(j)} NB(l) - EN(j)$

[1 Stage] ピークの検出

(P1)　格子データ（ピークに含まれるデータおよび **(P1)** で一度候補になったデータを除く）H の最大値を持つ格子 M を求める．すべてのデータが候補になった場合は終了．

(P2)　**(P1)** で求めた最大値 $H(M)$ とそのデータの近傍の値 $H(NB(M))$ を比較する．

   (1)　$H(M)$ が近傍のすべての値 $H(NB(M))$ より大きければ，M は新たにピークのエシェロン EN を形成し **(P3)** へ．

   (2)　(1) でない場合は **(P1)** へ．

(P3)　**(P2)** または **(P4)** で求めたピーク EN の近傍 $NB(EN)$ の中で H の最大値を持つ新たな格子 M を求める．

(P4)　**(P3)** で求めた最大値 $H(M)$ と M を含んだピーク EN の近傍の値 $H(NB(EN \cup M))$ を比較する．

   (1)　最大値 $H(M)$ が近傍のすべての値 $H(NB(EN \cup M))$ より大きければ格子 M を新たにピーク EN に加え **(P3)** へ．

   (2)　(1) でない場合は **(P1)** へ．

[2 Stage] ファウンデーションの検出

(F1)　データ（ピークに含まれるデータおよび **(F1)** で一度候補になっ

たデータを除く）H の最大値を持つ格子 M を求める.

(1) M が存在すれば M は新たにファウンデーションのエシェロン EN を形成し **(F2)** へ.

(2) (1) でない場合は終了.

(F2) **(F1)** で求めた最大値 $H(M)$ の格子の子孫 $CH(EN)$ を求め，一族 $FM(EN)$ を形成する.

(F3) **(F2)** または **(F4)** で求めた一族 $FM(EN)$ の近傍 $NB(FM(EN))$ の中で H の最大値を持つ格子 M を求める.

(1) M が存在すれば **(F4)** へ.

(2) (1) でない場合は終了.

(F4) **(F3)** で求めた最大値 $H(M)$ と M を含んだ一族の近傍の値 $H(NB(FM(EN) \cup M))$ を比較する.

(1) 最大値 M が一族の近傍のすべての値より大きければ，格子 M を新たにファウンデーション EN に加えるとともに子孫と一族を更新し **(F3)** へ.

(2) (1) でない場合は **(F1)** へ.

2.3 二次元空間データの分類

2.3.1 規則的格子データのエシェロン

リモートセンシングデータのように，データの高低が $m \times n$ の格子

$$l_2(i,j) = \{(x_i, y_j) \mid i - 0.5 \leq x_i \leq i + 0.5, \quad j - 0.5 \leq y_j \leq j + 0.5\},$$

$$(i = 1, 2, \ldots, m; \ j = 1, 2, \ldots, n) \quad (2.9)$$

上において，高度 $h(x, y)$ を持つ状況を考える.この格子データは，領域内の代表点 $(x_i, y_j) = (i, j)$ を用いて,

表 2.3　5×5 の格子上のデータ (a) と ID 番号 (b)

(a)	A	B	C	D	E
1	2	8	24	5	3
2	1	10	14	22	15
3	4	21	19	23	25
4	16	20	12	11	17
5	13	6	9	7	18

(b)	A	B	C	D	E
1	1	6	11	16	21
2	2	7	12	17	22
3	3	8	13	18	23
4	4	9	14	19	24
5	5	10	15	20	25

$$D = \{(i,j) \mid i = 1, 2, \ldots, m, \quad j = 1, 2, \ldots, n\} \tag{2.10}$$

のように表せる．また，$\mathcal{X} = \{1, 2, \ldots, m\}$，$\mathcal{Y} = \{1, 2, \ldots, n\}$ とおくと，格子 $l_2(i, j)$ の近傍は以下のように示される．

$$NB(l_2(i,j)) = \{(k,l) \mid k \in (\{i-1, i+1\} \cap \mathcal{X}), l \in (\{j-1, j+1\} \cap \mathcal{Y})\} \tag{2.11}$$

$m \times n$ の格子データのエシェロンは，付録 A のアルゴリズム 1 と 2 において $l_2(i,j)$ を $l_1((j-1) \times m + i)$ $(i = 1, 2, \ldots, m; \; j = 1, 2, \ldots, n)$ として適用することによって求められる．

表 2.3 のような 5×5 の格子上のデータが与えられた場合，次のようなステップでエシェロン解析が進められる．ただし，上下左右の格子を隣接とする．すなわち，近傍集合は 4 近傍とする．

[1 Stage] ピークの検出

ピークに属するデータの値は，同じピークに属するデータ以外の近傍の値より大きい．表 2.3 のデータにおいては 4 つのピークがある．

1. 第 1 ピーク ($i = 1$)

   (P1)：格子データの最大値は 25(E3) である．

   (P2)：25 は新たに第 1 ピークを形成する．

   (P3)：25 の近傍の最大値は 23(D3) である．

(P4)：23 は (25, 23) の近傍より大きいので 23 も第 1 ピークに含まれる.

(P3)：(25, 23) の近傍の最大値は 22(D2) である.

(P4)：22 は (25, 23, 22) の近傍より大きいので 22 も第 1 ピークに含まれる.

(P3)：(25, 23, 22) の近傍の中で最大の値は 19 である.

(P4)：19 は (25, 23, 22, 19) の近傍 21 より小さいので第 1 ピークに属さない.

よって，第 1 ピークはデータ (25(E3), 23(D3), 22(D2)) から構成され，エシェロン番号は $1(EN(1))$ となる.

→ 第 2 ピークの **(P1)** へ.

2. 第 2 ピーク $(i = 2)$

(P1)：第 1 ピークを除いたデータの最大値は 24(C1) である.

(P2)：24 は新たに第 2 ピークを形成する.

(P3)：24 の近傍の最大値は 14(C2) である.

(P4)：14 は近傍 22 より小さいので第 2 ピークに属さない.

第 2 ピーク $EN(2)$ は 24(C1) からのみ構成される.

→ 第 3 ピークの **(P1)** へ.

3. 第 3 ピーク $(i = 3)$

(P1)(P2)(P3)(P4)(P3)(P4)：第 3 ピーク $EN(3)$ は 21(B3), 20(B4) から構成される. → 第 4 ピークの **(P1)** へ.

4. 第 4 ピーク $(i = 4)$

(P1)(P2)(P3)(P4)：第 4 ピーク $EN(4)$ は 18(E5) から構成される.

→ 第 5 ピーク **(P1)** 以下は存在せず終了.

17 以下のデータはピークにはならない.

[2 Stage] ファウンデーションの検出

1. 第 1 ファウンデーション $(i = 5)$

(F1)：4 つのピークに含まれるデータを除いた最大値は 19(C3) で,

19 はエシェロン番号 5 ($EN(5)$) のファウンデーションとなる.

(F2)：19 は第 1 ピーク $EN(1)$ と第 3 ピーク $EN(3)$ のファウンデーションである.子孫は $CH(EN(5)) = EN(1) \cup EN(3)$, 一族は $FM(EN(5)) = EN(5) \cup CH(EN(5))$ となる.この関係はエシェロン番号を使って 5(1 3) と表される.ファウンデーションを見つける際, $EN(1)$ と $EN(3)$ は使用せず, 代表して $EN(5)$ を用いる.

(F3)：$EN(5)$ の近傍の最大値は 17(E4) である.

(F4)：17 は第 4 ピークの 18(E5) より小さいので 17 は $EN(5)$ に属さない.

第 1 ファウンデーション ($EN(5)$) は 19(C3) から構成される.

→ 第 2 ファウンデーションの **(F1)** へ.

2. 第 2 ファウンデーション ($i = 6$)

(F1)(F2)：$EN(1)$ から $EN(5)$ に含まれるデータを除いた最大値は 17(E4) である.17 は $EN(4)$ と $EN(5)$ のファウンデーションであり, $EN(6)$ となる.$EN(5)$ と $EN(4)$ は $EN(6)$ の子孫となり, 関係式は 6(5(1　3)　4) である.以後, $EN(4)$, $EN(5)$ は代表して $EN(6)$ を用いる.

(F3)：$EN(6)$ の近傍の最大値は 16(A4) である.

(F4)：16 は $EN(6)$ と 16 の近傍より大きいので $EN(6)$ に属する.

(F3)：$EN(6)$ の近傍の最大値は 15(E2) である.

(F4)：15 は $EN(6)$ と 15 の近傍データより大きいので $EN(6)$ に加える.$EN(6)$ の子孫と一族を更新する.

(F3)：$EN(6)$ の近傍の最大値は 14(C2) である.

(F4)：14 は第 2 ピークの 24(C1) より小さいので 17 は $EN(6)$ に属さない.

第 2 ファウンデーション $EN(6)$ は 17(E4), 16(A4), 15(E2) から構成される.

→ 第 3 ファウンデーションの **(F1)** へ.

3. 第 3 ファウンデーション (ルート, $i = 7$)

(F1)(F2)：$EN(1)$ から $EN(6)$ に含まれるデータを除いた最大値は

表2.4 5 × 5 の格子データのエシェロンに関する情報

Stage	i	$EN(i)$	$CH(EN(i))$	$FM(EN(i))$
1	1	E3 D3 D2	ϕ	$EN(1)$
1	2	C1	ϕ	$EN(2)$
1	3	B3 B4	ϕ	$EN(3)$
1	4	E5	ϕ	$EN(4)$
2	5	C3	$EN(j), j = 1, 3$	$EN(j), j = 1, 3, 5$
2	6	E4 A4 E2	$EN(j), j = 1, 3, 4, 5$	$EN(j), j = 1, 3, 4, 5, 6$
2	7	C2 A5 C4 D4 その他	$EN(j), j = 1, 2, 3, 4, 5, 6$	$EN(j), j = 1, 2, 3, 4, 5, 6, 7$

14(C2) である．14 は $EN(2)$ と $EN(6)$ のファウンデーションであり $EN(7)$ となる．$EN(2)$ と $EN(6)$ は $EN(7)$ の子孫となり，その関係式は 7(6(5(1 3) 4) 2) である．以後，$EN(2)$，$EN(6)$ を代表して $EN(7)$ を用いる．

(F3)：$EN(7)$ の近傍の最大値は 13(A5) である．

(F4)：13 は $EN(7)$ と 13 の近傍より大きいので $EN(7)$ に加える．$EN(7)$ の子孫と一族を更新する．

(F3)(F4)：12 以下のデータは $EN(7)$ に含まれルートとなる．

第3ファウンデーション $EN(7)$ は 14(C2)，13(A5)，12(C4)，11(D4) およびそれ以下の値を持つデータから構成される．

→ 第4ファウンデーション **(F1)** 以下は存在せず終了．

以上を整理すると，エシェロン $EN(i)$，子孫 $CH(EN(i))$，一族 $FM(EN(i))$ は表2.4で与えられる．

また，5 × 5 の配列データの構造は，図2.3のようなエシェロンデンドログラムによって与えられる．

2.3.2 非規則的格子データのエシェロン

NL 個に分けられた地域データのような非規則的格子データの場合，格子データ D および近傍 $NB(i)$ は，格子の代表点の緯度 x と経度 y を用いて

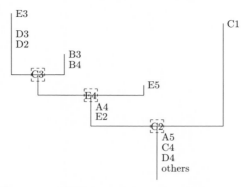

図 2.3　5 × 5 格子データのエシェロンデンドログラム

$$D = \{(x_i, y_i) \mid i = 1, 2, \ldots, NL\}, \quad NB(i) = \{k \mid k \text{ は格子 } i \text{ の近傍}\}$$
$$(2.12)$$

と表すことができる．また，格子データ D は，ID 番号 D_{NL} のみで特徴
づけることもできる．

$$D_{NL} = \{i \mid i = 1, 2, \ldots, NL\} \tag{2.13}$$

　表 2.5 は，2015 年の関東地区近隣の都県別人口総数（単位 1 万人）と
その**隣接情報**（近傍）を示している．隣接情報は，図 2.4 のように図示で
きる．

　こうした地域データに対しても，次のようなステップでエシェロン解析
が進められる．

[1 Stage] ピークの検出

　ピークに属するデータの値は，同じピークに属するデータ以外の隣接
するデータの値より大きい．表 2.5 のデータにおいては 3 つのピークがあ
る．

1. 第 1 ピーク $(i = 1)$
   (P1)：地域データ (人口総数) の最大値は東京 (1352) である．

表 2.5 2015 年関東地区近隣の人口総数（単位 1 万人）とその隣接情報

ID	都道府県	総人口	隣接する都県							
1	福島	191	茨城	栃木	群馬	新潟				
2	茨城	292	福島	栃木	埼玉	千葉				
3	栃木	197	福島	茨城	群馬	埼玉				
4	群馬	197	福島	栃木	埼玉	新潟	長野			
5	埼玉	727	茨城	栃木	群馬	千葉	東京	山梨	長野	
6	千葉	622	茨城	埼玉	東京					
7	東京	1352	埼玉	千葉	神奈川	山梨				
8	神奈川	913	東京	山梨	静岡					
9	新潟	230	福島	群馬	富山	長野				
10	富山	107	新潟	長野	岐阜					
11	山梨	84	埼玉	東京	神奈川	長野	静岡			
12	長野	210	群馬	埼玉	新潟	富山	山梨	岐阜	静岡	愛知
13	岐阜	203	富山	長野	愛知					
14	静岡	370	神奈川	山梨	長野	愛知				
15	愛知	748	長野	岐阜	静岡					

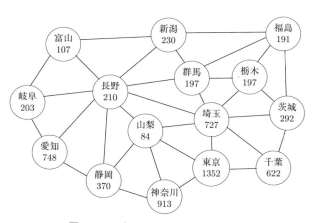

図 2.4 関東地区の都県の隣接情報図

(P2)：東京は新たに第 1 ピークを形成する.

(P3)：東京の近傍の最大値は神奈川 (913) である.

(P4)：神奈川は (東京，神奈川) の近傍 (埼玉，千葉，山梨，静岡)

より大きいので，神奈川は第 1 ピークに含まれる．

(P3)(P4)(P3)(P4)：同様に，埼玉 (727)，千葉 (622) は第 1 ピークに含まれる．

(P3)：(東京，神奈川，埼玉，千葉) の近傍の最大値は静岡 (370) である．

(P4)：静岡は近傍の愛知 (748) より小さいので第 1 ピークには含まれない．

第 1 ピークは $EN(1) = \{$ 東京，神奈川，埼玉，千葉 $\}$ となる．

→ 第 2 ピークの **(P1)** へ．

2. 第 2 ピーク $(i = 2)$

(P1)：第 1 ピークを除いたデータの最大値は愛知 (748) である．

(P2)：愛知は近傍 (長野，岐阜，静岡) より大きいので，愛知は新たに第 2 ピークを形成する．

(P3)：愛知の近傍の最大値は静岡 (370) である．

(P4)：静岡は近傍の神奈川 (913) より小さいので第 2 ピークには含まれない．

第 2 ピークは $EN(2) = \{$ 愛知 $\}$ となる．

→ 第 3 ピークの **(P1)** へ．

3. 第 3 ピーク $(i = 3)$

(P1)(P2)(P3)(P4)：同様な手順により，第 3 ピークとして $EN(3) = \{$ 新潟 $\}$ が求まる．

→ 第 4 ピーク **(P1)** 以下は存在せず終了．

[2 Stage] ファウンデーションの検出

1. 第 1 ファウンデーション $(i = 4)$

(F1)：3 つのピークに含まれるデータを除いた最大値は静岡 (370) でありエシェロン番号 $4(EN(4))$ のファウンデーションとなる．

(F2)：静岡は第 1 ピーク $EN(1)$ と第 2 ピーク $EN(2)$ のファウンデーションであり，子孫は $CH(EN(4)) = EN(1) \cup EN(2)$，一族は $FM(EN(4)) = EN(4) \cup CH(EN(4))$ となる．この関係はエシェロ

ン番号を使って 4(1 2) と表される. ファウンデーションを見つける際, $EN(1)$ と $EN(2)$ は使用せず, 代表して $EN(4)$ を用いる.

(F3)(F4)：$EN(4)$ の近傍の最大値は茨城 (292) である. 茨城は $EN(4)$ と茨城の近傍より大きいので, $EN(4)$ に含まれる. 子孫と一族を更新する.

(F3)：$EN(4)$ の近傍の最大値は長野 (210) である.

(F4)：長野は近傍の新潟 (230) より小さいので $EN(4)$ に含まれない.

第 1 ファウンデーションは $EN(4) = \{$ 静岡, 茨城 $\}$ となる.

→ 第 2 ファウンデーションの **(F1)** へ.

2. 第 2 ファウンデーション (ルート, $i = 5$)

(F1)：$EN(3)$ と $EN(4)$ に含まれるデータを除いた最大値は長野 (210) であり, エシェロン番号 5($EN(5)$) のファウンデーションとなる.

(F2)：長野は $EN(3)$ と $EN(4)$ のファウンデーションであり, $CH(EN(5)) = EN(3) \cup EN(4)$, $FM(EN(5)) = EN(5) \cup CH(EN(5))$ となる. この関係はエシェロン番号を使って 5(4(1 2) 3) と表される.

(F3)(F4)$\cdots$：$EN(5)$ の近傍の最大値は岐阜 (203) である. 岐阜は $EN(5)$ と岐阜の近傍データより大きいので $EN(5)$ に含まれる. 子孫と一族を更新する.

同様に, 福島, 栃木, 群馬, 富山, 山梨が $EN(5)$ に含まれ, $EN(5)$ $= \{$ 長野, 岐阜, 栃木, 群馬, 福島, 富山, 山梨 $\}$ となる.

→ 第 3 ファウンデーション **(F1)** 以下は存在せず終了.

また, 関東地区の都県別人口総数データの構造は, 図 2.5 のようなエシェロンデンドログラムによって与えられる.

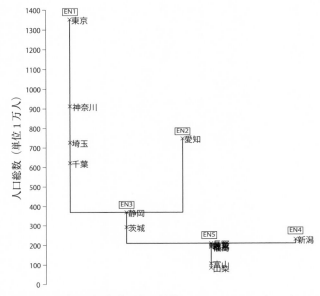

図 2.5　関東地区の都県別人口総数のエシェロンデンドログラム

第 **3** 章

エシェロン解析による
格子データの解析

3.1 圏による地域の分類

エシェロン解析では，空間データを位相的に等しいエシェロンに分割し分類を行う．表 2.1 の一次元格子データでは，ファウンデーションであるエシェロン $EN(6)$ に着目すると，(3.1) 式のように一族 $FM(EN(6))$ のデータ同士は隣接しており 1 つの領域になっているが，$EN(6)$ は $\{K, L, M\}$，$\{O\}$，$\{S, T, U\}$ の隣接していない 3 つの領域に分かれている．

$$FM(EN(6)) = \{K, L, M, N, O, P, Q, R, S, T, U\}$$
$$EN(6) = \{K, L, M\} \cup \{O\} \cup \{S, T, U\} \tag{3.1}$$

また，表 2.5 の関東地区近隣の人口総数データでは，$EN(4) = \{$ 静岡，茨城 $\}$ は $EN(1)$ と $EN(2)$ のファウンデーションであるが，静岡と茨城は距離的に離れており隣接していない．よって，関東地区の人口総数データに対して，首都圏のように首都および関連の強い周辺の地域を一体とした領域に分割する場合は，ピークを中心とした圏 (zone) を形成する方法が有用である．ここでは，生活圏等のように日常使用されている圏という用語に対して，人口に関する圏を空間データの階層構造による同位相分類に基づく客観的な指標で定義する．すなわち，エシェロン解析で得られた階層構造とピークの隣接情報を基にエシェロンクラスター表を構成し，ピークとピークに隣接した地域により圏を構成する．

表 3.1　表 2.1 のエシェロンクラスター表

エシェロン EN	区間名	$ZN(1)$	$ZN(2)$	$ZN(3)$	$ZN(4)$	$ZN(5)$
1	$P\ Q\ R$	○				
2	N		○			
3	$F\ G\ H$			○		
4	D				○	
5	X					○
6	M			①		
	O	①		②		
	S	①				
	L			(1)		
	T	(1)				
	K			(1)		
	U	(1)				
7	C				①	
	E			①	②	
	I			①		
8	B				(1)	
	J		(1)	(2)		
	V	(1)				
9	A				(1)	
	W	(1)			(2)	
	Y					①

3.1.1　一次元格子データのエシェロンクラスター表

　表 2.1 の空間データは，図 2.1 のように 9 つのエシェロン $EN(i)$ ($i = 1, 2, \ldots, 9$) に分類できる．圏 $ZN(i)$ は，5 つのピーク $EN(i)$ ($i = 1, 2, \ldots, 5$) を圏の中心と考え，ピークの隣接情報を基に分類を行う．表 3.1 は，圏 $ZN(i)$ を構成するピーク $EN(i)$ ($i = 1, 2, \ldots, 5$) とピークの近傍ファウンデーション $EN(i)$ ($i = 6, 7, 8, 9$) の対応を示した**エシェロンクラスター表**を示している．

　各圏に属する空間データは，以下のような手順で作られる．ただし，エシェロンの数を NE，ピークの数を NP とする．

(Z1) ピークによる圏の生成

ピークのエシェロン $EN(i)$ を中心として，新たに圏 $ZN(i)$ を形成する $(i = 1, 2, \ldots, NP)$.

(Z2) ファウンデーションの圏への分類

ファウンデーションのエシェロン $EN(j)$ を構成する空間データごとに隣接する圏 ZN を求める $(j = NP+1, NP+2, \ldots, NE)$. 複数の圏に隣接する場合は，エシェロン番号の上位の方から順位をつける. 順位は，**(Z1)** で生成された初期の圏 $ZN(i)$ に隣接する場合は丸数値①（直属），初期の圏に隣接しない場合は初期の圏に生成過程のファウンデーションの空間データも含めた圏 $ZN(i)$ を考え括弧数字 (i)（準属）とする $(i = 1, 2, \ldots, NP)$.

3.1.2　応用例：一次元空間データの圏

表 2.1 の空間データは，以下のような手順により圏に分類できる. ここではデータは複数の圏に属することを認め，隣接するすべての圏に属することにする.

(Z1) ピークによる圏の生成

ピークのエシェロン $EN(i)$ を中心として，新たに圏 $ZN(i)$ を形成する $(i = 1, 2, \ldots, 5)$.

$$ZN(1) = \{P, Q, R\}, \ ZN(2) = \{N\}, \ ZN(3) = \{F, G, H\}, \\ ZN(4) = \{D\}, \ ZN(5) = \{X\}. \tag{3.2}$$

(Z2) ファウンデーションの圏への分類

ファウンデーションのエシェロン $EN(j)$ を構成する空間データごとに隣接する圏 ZN を求める $(j = 6, 7, 8, 9)$.

(1) ファウンデーション $EN(6)$ の空間データ

M は $ZN(2)$ に隣接しているので，$ZN(2)$ に直属する. O は $ZN(1)$ と $ZN(2)$ に隣接しているので，$ZN(1)$ と $ZN(2)$ に直属する. S は $ZN(1)$ に隣接しているので，$ZN(1)$ に直属する.

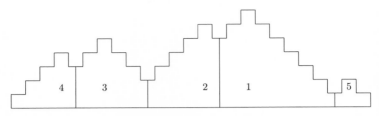

図 3.1 一次元空間データの圏による分類

    L は M を含めた $ZN(2)$ に隣接しているので，$ZN(2)$ に準属する．T は S を含めた $ZN(1)$ に隣接しているので，$ZN(1)$ に準属する．K は M と L を含めた $ZN(2)$ に隣接しているので，$ZN(2)$ に準属する．U は S と T を含めた $ZN(1)$ に隣接しているので，$ZN(1)$ に準属する．

(2) ファウンデーション $EN(7)$ から $EN(9)$ の空間データ

    以下同様に，$EN(7)$ を構成する C, E, I，$EN(8)$ を構成する B, J, V，$EN(9)$ を構成する A, W, Y が属する圏 ZN が決まる．

  最終的に，表 3.1 に基づき，5 つの圏 ZN は以下のように与えられ，図 3.1 に圏による分類結果を図示している．

$$ZN(1) = \{Q, P, R, O, S, T, U, V, W\},$$
$$ZN(2) = \{N, M, O, L, K, J\}, \ ZN(3) = \{G, F, H, E, I, J\}, \quad (3.3)$$
$$ZN(4) = \{D, C, E, B, A\}, \ ZN(5) = \{X, W, Y\}$$

3.1.3　二次元空間データのエシェロンクラスター表

  表 3.2 は，表 1.1 に示した隣接情報を持った 47 都道府県に 2015 年の人口密度（人/km^2）を与えたものである．

  表 3.2 の 47 都道府県別人口密度データの構造は，図 3.2 のように 10 個のピークと 8 個のファウンデーションから構成されるエシェロンデンドログラムによって与えられる．

表 3.2 47 都道府県別人口密度（人/km²）とその隣接情報

ID	都道府県	人口密度	隣接する都道府県							
1	北海道	69	青森							
2	青森	136	北海道	岩手	秋田					
3	岩手	84	青森	宮城	秋田					
4	宮城	321	岩手	秋田	山形	福島				
5	秋田	88	青森	岩手	宮城	山形				
6	山形	121	宮城	秋田	福島	新潟				
7	福島	139	宮城	山形	茨城	栃木	群馬	新潟		
8	茨城	478	福島	栃木	埼玉	千葉				
9	栃木	308	福島	茨城	群馬	埼玉				
10	群馬	310	福島	栃木	埼玉	新潟	長野			
11	埼玉	1913	茨城	栃木	群馬	千葉	東京	山梨	長野	
12	千葉	1207	茨城	埼玉	東京					
13	東京	6169	埼玉	千葉	神奈川	山梨				
14	神奈川	3778	東京	山梨	静岡					
15	新潟	183	山形	福島	群馬	富山	長野			
16	富山	251	新潟	石川	長野	岐阜				
17	石川	276	富山	福井	岐阜					
18	福井	188	石川	岐阜	滋賀	京都				
19	山梨	187	埼玉	東京	神奈川	長野	静岡			
20	長野	155	群馬	埼玉	新潟	富山	山梨	岐阜	静岡	愛知
21	岐阜	191	富山	石川	福井	長野	愛知	三重	滋賀	
22	静岡	476	神奈川	山梨	長野	愛知				
23	愛知	1447	長野	岐阜	静岡	三重				
24	三重	315	岐阜	愛知	滋賀	京都	奈良	和歌山		
25	滋賀	352	岐阜	三重	京都					
26	京都	566	福井	三重	滋賀	大阪	兵庫	奈良		
27	大阪	4640	京都	兵庫	奈良	和歌山				
28	兵庫	659	京都	大阪	鳥取	岡山	徳島			
29	奈良	370	三重	京都	大阪	和歌山				
30	和歌山	204	三重	大阪	奈良					
31	鳥取	164	兵庫	島根	岡山	広島				
32	島根	104	鳥取	広島	山口					
33	岡山	270	兵庫	鳥取	広島	香川				
34	広島	335	鳥取	島根	岡山	山口	愛媛			
35	山口	230	島根	広島	福岡					
36	徳島	182	兵庫	香川	愛媛	高知				
37	香川	520	岡山	徳島	愛媛					
38	愛媛	244	広島	徳島	香川	高知				
39	高知	103	徳島	愛媛						
40	福岡	1023	山口	佐賀	熊本	大分				
41	佐賀	341	福岡	長崎						
42	長崎	333	佐賀							
43	熊本	241	福岡	大分	宮崎	鹿児島				
44	大分	184	福岡	熊本	宮崎					
45	宮崎	143	熊本	大分	鹿児島					
46	鹿児島	179	熊本	宮崎	沖縄					
47	沖縄	628	鹿児島							

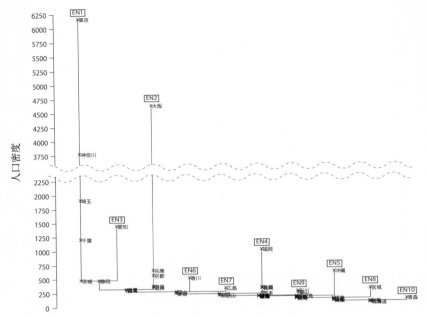

図 3.2　47 都道府県別人口密度データのエシェロンデンドログラム

　エシェロンを構成する都道府県名および各エシェロンの**親エシェロン
の番号** (PA: Parent)，**エシェロンの長さ** (LEN: Length)，**一族の数** (FM:
Family)，**階層のレベル** (LEV: Level) を表 3.3 に示している．ただし，エ
シェロンの長さとは，各エシェロンの最大値から親エシェロンの最大値ま
での差であり，ルートの場合はエシェロンの最大値と最小値の差である．
また，階層のレベルとは，ルートまでのエシェロンの数（世代数）であ
る．

3.1.4　応用例：二次元空間データの圏

　都道府県別人口密度データの圏を構成するために必要なエシェロンクラ
スター表を表 3.4 に示している．

(Z1)　ピークによる圏の生成

表 3.3 エシェロンを構成する都道府県名とエシェロンに関する情報

EN	エシェロンを構成する都道府県名						エシェロンに関する情報			
EN	1	2	3	4	5	6	PA	LEN	FM	LEV
1	東京 6169	神奈川 3778	埼玉 1913	千葉 1207	茨城 478		11	5693	1	8
2	大阪 4640	兵庫 659	京都 566	奈良 370	滋賀 352		12	4325	1	7
3	愛知 1447						11	971	1	8
4	福岡 1023	佐賀 341	長崎 333	熊本 241			14	793	1	5
5	沖縄 628						16	449	1	3
6	香川 520						13	250	1	6
7	広島 335						13	65	1	6
8	宮城 321						17	182	1	2
9	石川 276	富山 251					15	85	1	4
10	青森 136						18	48	1	1
11	静岡 476						12	161	3	7
12	三重 315	群馬 310	栃木 308				13	45	5	6
13	岡山 270	愛媛 244					14	40	8	5
14	山口 230	和歌山 204					15	39	10	4
15	岐阜 191	福井 188	山梨 187	大分 184	新潟 183	徳島 182	16	12	12	3
16	鹿児島 179	鳥取 164	長野 155	宮崎 143			17	40	14	2
17	福島 139	山形 121	島根 104	高知 103			18	51	16	1
18	秋田 88	岩手 84	北海道 69				0	19	18	0

ピークのエシェロン $EN(i)$ を中心に，新たに圏 $ZN(i)$ として，東京圏，大阪圏，愛知圏，福岡圏，沖縄圏，香川圏，広島圏，宮城圏，石川圏，青森圏 を形成する $(i = 1, 2, \ldots, 10)$.

(Z2)　ファウンデーションの圏への分類

ファウンデーションのエシェロン $EN(j)$ を構成する空間データごとに隣接する圏 ZN を求める $(j = 11, 12 \ldots, 18)$.

(1)　ファウンデーション $EN(11)$ の空間データ
静岡は東京圏と愛知圏に隣接しているので，東京圏と愛知圏に直属する.

(2)　ファウンデーション $EN(12)$ の空間データ
三重は大阪圏と愛知圏に隣接しているので，大阪圏と愛知圏に直属する．群馬は東京圏に隣接しているので，東京圏に直属する．栃木は東京圏に隣接しているので，東京圏に直属する.

(3)　ファウンデーション $EN(13)$ の空間データ
岡山は大阪圏，香川圏，広島圏に隣接しているので，大阪圏，香川圏，広島圏に直属する．愛媛は香川圏と広島圏に隣接しているので，香川圏と広島圏に直属する.

(4)　ファウンデーション $EN(14)$，$EN(15)$，$EN(16)$ の空間データ
$EN(14)$，$EN(15)$，$EN(16)$ を構成する空間データも同様な手順でそれぞれ属する圏が求められる.

(5)　ファウンデーション $EN(17)$，$EN(18)$ の空間データ
$EN(17)$ の高知は **(Z1)** で求められた圏に隣接していないので準属を考える．高知に隣接する徳島は大阪圏，香川圏に直属するので，高知は大阪圏，香川圏に準属する．また，隣接する愛媛は香川圏，広島圏に直属するので，高知は広島圏にも準属する.
高知を除く $EN(17)$，$EN(18)$ のそれぞれの空間データが属する圏は，同様な手順で求められる.

圏に基づく都道府県別人口密度データの分類を図 3.3 の日本地図に示している.

図 3.3 圏に基づく都道府県別人口密度データの分類 → 口絵 1

3.2 リモートセンシングデータの分析

3.2.1 リモートセンシングデータ

　近年，**リモートセンシング**に用いられるセンサの性能や技術の向上によって，自然環境に関わる多種多様なデータの観測が容易になってきた．リモートセンシングとは，日本語では遠隔感知法と訳され，人工衛星や航空機などにセンサ（観測器）を装備し，離れたところから対象とする物質や物体を観測する技術のことである．リモートセンシングでは，物体から反射または放射される**電磁波**の違いを利用して，地球の物体，物質の状態を調べることができる．電磁波とは，人間が見える光（青，緑，赤の可視光），紫外線，赤外線などを総称したものである．物体の表面から反射される可視光が，その物体の色として認識されるが，その他にも赤外線や紫外線を表面から反射している．この反射特性は物質により異なり，植物，

表3.4　表3.2のエシェロンクラスター表

エシェロン EN	都道府県 圏	東京圏 ZN(1)	大阪圏 ZN(2)	愛知圏 ZN(3)	福岡圏 ZN(4)	沖縄圏 ZN(5)	香川圏 ZN(6)	広島圏 ZN(7)	宮城圏 ZN(8)	石川圏 ZN(9)	青森圏 ZN(10)
1	東京圏	○									
2	大阪圏		○								
3	愛知圏			○							
4	福岡圏				○						
5	沖縄圏					○					
6	香川圏						○				
7	広島圏							○			
8	宮城圏								○		
9	石川圏									○	
10	青森圏										○
11	静岡	①		②							
12	三重		①	②							
	群馬	①									
	栃木	①									
13	岡山		①				②	③			
	愛媛						①	②			
14	山口				①			②			
	和歌山		①								
15	岐阜		①	②						③	
	福井		①							②	
	山梨	①									
	大分				①						
	新潟									①	
	徳島		①				②				
16	鹿児島				①	②					
	鳥取		①					②			
	長野	①		②						③	
	宮崎				①						
17	福島	①							②		
	山形								①		
	島根							①			
	高知		(1)				(2)	(3)			
18	秋田								①		②
	岩手								①		②
	北海道										①

水，土では全く異なったパターンになる．よって，各物体から反射される電磁波の強さのデータをいくつかの波長帯（バンド）に分けて測定することにより，物質の識別を行うことができる．また，物質が放射する電磁波はその物質の状態（温度など）によって強さが異なるので，この性質を

利用して，オゾン，二酸化炭素，窒素酸化物，硫黄酸化物などの大気微量成分のガス濃度や海上風向，雲水量，物体の温度などのデータが収集できる．

　極軌道衛星「ランドサット」(Landsat 8) は，11 の観測バンドのセンサを搭載しており，赤道に直角に北極と南極を結ぶ 233 個の軌道上（準回帰軌道）を 705 km の高度で飛び，1 日に 14.5 回（約 99 分/周）地球を回り，周期はほぼ 16 日である．また，衛星と太陽の位置関係が同期しており（太陽同期軌道），観測画像の放射・反射量が太陽の方向（季節）によって極端に変わらない．データは衛星の進行方向に垂直な観測幅 185 km の走査を行い，180 km を 1 シーンとして約 24 秒で観測する．データの分解能は 30 m で，1 画素当たり 8 bit の情報量を持っており，一般に黒 (0) から白 (255) の濃度（反射率の値）の値をとる．

　土地被覆における植物などの緑被を把握するためには，**正規化植生指数** (NDVI: normalized difference vegetation index) が有効である．正規化植生指数は，Landsat 8 リモートセンシングデータの場合，可視光赤色域（バンド 4）と近赤外域（バンド 5）を用いて計算され，

$$\mathrm{NDVI} = (\mathrm{TM5} - \mathrm{TM4})/(\mathrm{TM5} + \mathrm{TM4}) \tag{3.4}$$

で定義される．ただし，TM4 と TM5 はそれぞれバンド 4 およびバンド 5 のリモートセンシングデータ値（CCT カウント値）である．

3.2.2　リモートセンシングメッシュデータに基づく**緑被評価**

　図 3.4 は，東京都心地区の 2016 年 3 月 17 日における Landsat 8 データ（30 m/画素）の (3.4) 式により計算された NDVI 値の景観地図を示している．NDVI 値に対応して緑被状況を示す濃淡を表している．

　東京都心地区の全体的な緑被状況を評価するために，**第 3 次地域メッシュデータ**における NDVI 値を利用する．地域メッシュコードは，(XXXX-YY-ZZ) のように表現される．**第 1 次メッシュ**は 1 辺の長さが約 80 km（緯度差 40 分，経度差 1 度）で，メッシュコード XXXX（4 桁：2 桁緯度，2 桁経度），**第 2 次メッシュ**は 1 辺の長さが約 10 km（緯

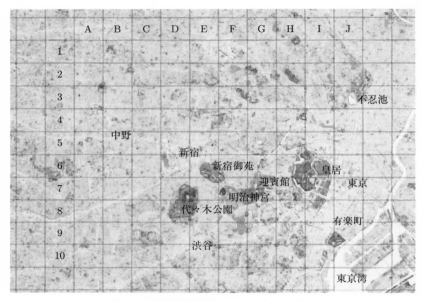

図 3.4　東京都心地区の NDVI 値 → 口絵 2

表 3.5　3 次メッシュコード (5339-YYZZ)

	A	B	C	D	E	F	G	H	I	J
1	4572	4573	4574	4575	4576	4577	4578	4579	4670	4671
2	4562	4563	4564	4565	4566	4567	4568	4569	4660	4661
3	4552	4553	4554	4555	4556	4557	4558	4559	4650	4651
4	4542	4543	4544	4545	4546	4547	4548	4549	4640	4641
5	4532	4533	4534	4535	4536	4537	4538	4539	4630	4631
6	4522	4523	4524	4525	4526	4527	4528	4529	4620	4621
7	4512	4513	4514	4515	4516	4517	4518	4519	4610	4611
8	4502	4503	4504	4505	4506	4507	4508	4509	4600	4601
9	3592	3593	3594	3595	3596	3597	3598	3599	3690	3691
10	3582	3583	3584	3585	3586	3587	3588	3589	3680	3681

表 3.6 10×10 の格子上の NDVI 値

	A	B	C	D	E	F	G	H	I	J
1	59	77	55	49	42	44	43	64	53	50
2	60	65	66	62	80	70	87	93	61	77
3	63	48	60	58	47	78	67	55	57	70
4	55	51	55	54	73	69	46	50	43	27
5	65	48	46	34	34	57	61	66	38	17
6	66	58	45	54	90	53	59	100	134	15
7	58	50	53	113	93	133	130	108	109	19
8	58	57	67	160	87	87	74	50	43	20
9	68	56	96	59	44	72	53	72	40	52
10	66	63	66	51	53	80	72	76	37	7

表 3.7 10×10 の格子上 ID 番号

	A	B	C	D	E	F	G	H	I	J
1	1	11	21	31	41	51	61	71	81	91
2	2	12	22	32	42	52	62	72	82	92
3	3	13	23	33	43	53	63	73	83	93
4	4	14	24	34	44	54	64	74	84	94
5	5	15	25	35	45	55	65	75	85	95
6	6	16	26	36	46	56	66	76	86	96
7	7	17	27	37	47	57	67	77	87	97
8	8	18	28	38	48	58	68	78	88	98
9	9	19	29	39	49	59	69	79	89	99
10	10	20	30	40	50	60	70	80	90	100

度差 5 分，経度差 7 分 30 秒）で，メッシュコード YY（2 桁：1 桁緯度，1 桁経度），**第 3 次メッシュ**は 1 辺の長さが約 1 km（緯度差 30 秒，経度差 45 秒）で，メッシュコード ZZ（2 桁：1 桁緯度，1 桁経度）の組み合わせで構成されている．表 3.5 に，今回の分析で使用した東京都心地区の 2

次，3次のメッシュコード (YYZZ) を示している．なお，図 3.4，表 3.5
から表 3.7 において，経度 (A–J) および緯度 (1–10) の値は表 3.5 のメッ
シュコードに対応している．第 3 次メッシュにおける NDVI 値の平均を
計算し，(NDVI × 1000 +10) の変換を行った値を表 3.6，また，各メッ
シュの ID 番号を表 3.7 に示している．

　こうして計算された東京都心地区の緑被を示すメッシュデータの NDVI
値の構造は，図 3.5 のエシェロンデンドログラムによって与えられる．図
3.4，図 3.5 により，東京都心地区の緑被のピークエシェロンについては，
D8，D7 の代々木公園地区，I6 の皇居や F7，G7 の明治神宮や迎賓館な
どがある地区であることがわかる．また，緑被の少ないルートエシェロン
は，J10 の東京湾や東京駅近郊の山手線沿いの地区であることも見て取れ
る．

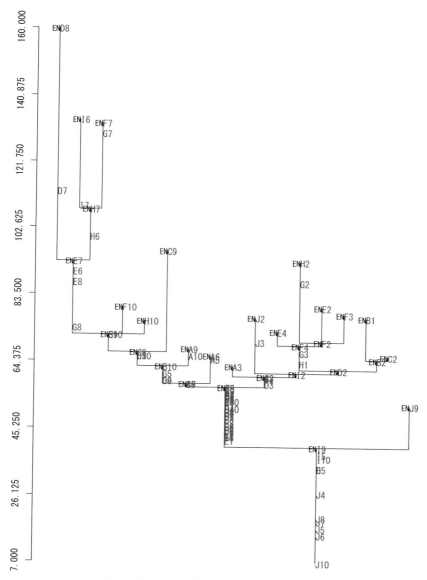

図 3.5 東京都心地区の NDVI 値のエシェロンデンドログラム → 口絵 3

第 **4** 章

エシェロン解析による
ホットスポットの検出

4.1　空間集積性の検出

　「興味のある対象がある特定のエリアに集中（集積）しているかどうか」
を統計的に検証することは，空間データ解析における関心事の1つである．たとえば，ある感染症の患者数が増加している地域を特定できれば，そこに重点的に対策を講じたり，将来の健康に対する影響への早期発見につながることが期待される．また，基準値を大きく上回る有害物質を排出している区域や時期を特定できれば，その発生源を突き止め，問題の原因解明に寄与できるかもしれない．

　空間集積性 (spatial cluster) 研究とは，平面上の二次元空間データにおいて局所的に高い（または低い）観測値を示す場所を統計的根拠に基づき評価する科学で，疫学，犯罪学，環境学などの様々な分野で活用されている．さらに，経時的に観測されたデータを一次元空間データとして表すことで時間集積性を評価したり，二次元空間上のデータにそれらが観測された時間の情報をも付加した三次元的な時空間データへと拡張することで，時空間集積性についての検討も行われている．高い観測値からなる集積領域を**ホットスポット** (hotspot cluster)，逆に低い値からなる集積領域をコールドスポット (coldspot cluster) またはクールスポット (coolspot cluster) などとよぶこともある．

　近年の**地理情報システム**の目覚ましい進歩により，災害情報や環境問題の状況を可視化するためのツールが容易に利用できるようになってきてい

る．しかし，コロプレスマップに代表されるような色分け地図は，観測値
の絶対量を単純にいくつかの段階に分けて視覚化しているに過ぎず，その
地図上に塗られた色の濃淡を見て，ある領域群をホットスポットと断言す
るのは説得力に欠ける．また，地図から受ける印象は，色分けの階級区分
の決め方次第で変化するだろうし，もしかしたら偶然変動の範囲でたまた
ま高い，または低い値が観測されただけかもしれない．したがって，「ど
こかに空間集積性はあるのか？」「集積性が存在しているとしたら，どの
範囲までがそうなのか？」の判断を統計的根拠（データ）に基づいて客観
的に行うことが重要となる．

　本章では，空間スキャン統計量とエシェロン解析によって空間集積性の
有無を評価する方法を紹介する．

4.2　空間スキャン統計量

　空間スキャン統計量 (spatial scan statistic) は，空間集積性の存在の有
無について検定すると同時に，その場所をも同定するための統計指標で，
Kulldorff (1997) によって提唱された．近年，この技法は，Kulldorff ら
によって開発され無料で配布されているソフトウェア SaTScan™（本書
執筆時点での最新バージョンは 2021 年 1 月公開の v9.7）とともに，様々
な分野で応用されている（図 4.1）．

4.2.1　空間スキャン統計量の導出

　空間スキャン統計量は，扱うデータの型に応じて複数のモデルが提唱
されているが，ここではよく利用される **Poisson モデル**について紹介す
る．

　Poisson モデルは，市区町村別のがん死亡数や，警察署管轄区域ごとの
犯罪件数といった，比較的まれに観測される離散的な事象を対象とする．

　いま，解析対象領域全体を **G** とし，**G** は全部で m 個の領域から構成
されているとしよう．このとき，空間集積性が存在しないならば，領域 i
での観測数の確率変数 O_i は，互いに独立に Poisson 分布に従うと仮定す

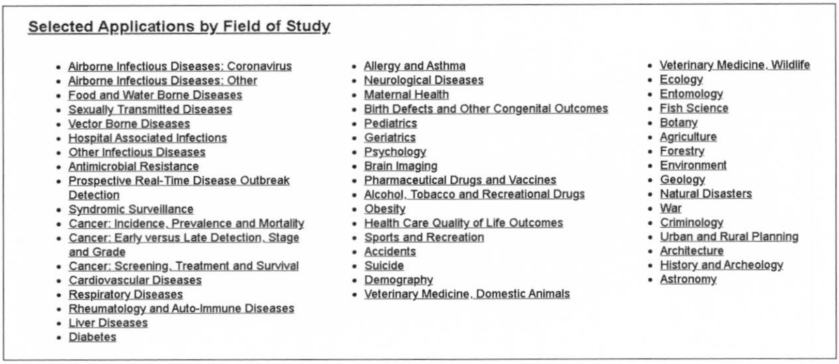

Selected Applications by Field of Study

- Airborne Infectious Diseases: Coronavirus
- Airborne Infectious Diseases: Other
- Food and Water Borne Diseases
- Sexually Transmitted Diseases
- Vector Borne Diseases
- Hospital Associated Infections
- Other Infectious Diseases
- Antimicrobial Resistance
- Prospective Real-Time Disease Outbreak Detection
- Syndromic Surveillance
- Cancer: Incidence, Prevalence and Mortality
- Cancer: Early versus Late Detection, Stage and Grade
- Cancer: Screening, Treatment and Survival
- Cardiovascular Diseases
- Respiratory Diseases
- Rheumatology and Auto-Immune Diseases
- Liver Diseases
- Diabetes

- Allergy and Asthma
- Neurological Diseases
- Maternal Health
- Birth Defects and Other Congenital Outcomes
- Pediatrics
- Geriatrics
- Psychology
- Brain Imaging
- Pharmaceutical Drugs and Vaccines
- Alcohol, Tobacco and Recreational Drugs
- Obesity
- Health Care Quality of Life Outcomes
- Sports and Recreation
- Accidents
- Suicide
- Demography
- Veterinary Medicine, Domestic Animals

- Veterinary Medicine, Wildlife
- Ecology
- Entomology
- Fish Science
- Botany
- Agriculture
- Forestry
- Environment
- Geology
- Natural Disasters
- War
- Criminology
- Urban and Rural Planning
- Architecture
- History and Archeology
- Astronomy

図 4.1　SaTScan^{TM} のウェブサイト (https://www.satscan.org/references.html) で紹介されている空間スキャン統計量の応用分野

る.

$$O_i \sim \text{Poisson}(e_i), \quad i = 1, 2, \dots, m$$

ここに, e_i は領域 i の期待観測数である. また, 各領域は人口数 n_i を有しているとする. 次に, **G** 内の**ある 1 つ以上の領域が連結してできる部分集合**を集積領域の候補と考え, この部分集合を**ウィンドウ**とよび **Z** で表し, **Z** の補集合を $\mathbf{Z}^c$ と表す. **Z** 内における人口に対する事象発生確率が $p_{\mathbf{Z}}$ であり, **Z** 外では $p_{\mathbf{Z}^c}$ であるとき, **Z** がホットスポットとなるか否かは,

$$H_0 : p_{\mathbf{Z}} = p_{\mathbf{Z}^c} \quad \text{for } {}^{\forall}\mathbf{Z} \subset \mathbf{G}$$
$$H_1 : p_{\mathbf{Z}} > p_{\mathbf{Z}^c} \quad \text{for } {}^{\exists}\mathbf{Z} \subset \mathbf{G}$$

の仮説検定問題となる. なお, コールドスポットについて検討する場合は, H_1 の不等号の向きを逆にして考えればよい.

　空間スキャン統計量は, H_0 と H_1 の 2 つのモデルの尤度比で定義される. 領域 i での実際の**観測数** (number of cases) を o_i, 人口を n_i とするとき, **Z** 内外における観測数は, それぞれ $o(\mathbf{Z}) = \sum_{i \in \mathbf{Z}} o_i$, $o(\mathbf{Z}^c) = \sum_{i \notin \mathbf{Z}} o_i$ と表せる. 人口についても同様に, $n(\mathbf{Z}) = \sum_{i \in \mathbf{Z}} n_i$, $n(\mathbf{Z}^c) = \sum_{i \notin \mathbf{Z}} n_i$ となる. ここに, $o(\mathbf{G}) = o(\mathbf{Z}) + o(\mathbf{Z}^c) = \sum_{i=1}^m o_i$, $n(\mathbf{G}) =$

$n(\mathbf{Z}) + n(\mathbf{Z}^c) = \sum_{i=1}^{m} n_i$ である. このとき, H_1 のもとでの尤度関数は,

$$
\begin{aligned}
L_1(\mathbf{Z}, p_{\mathbf{z}}, p_{\mathbf{z}^c}) &= \exp\left(-\sum_{i \in \mathbf{Z}} n_i p_{\mathbf{z}}\right) \prod_{i \in \mathbf{Z}} \frac{(n_i p_{\mathbf{z}})^{o_i}}{o_i!} \\
&\quad \times \exp\left(-\sum_{i \notin \mathbf{Z}} n_i p_{\mathbf{z}^c}\right) \prod_{i \notin \mathbf{Z}} \frac{(n_i p_{\mathbf{z}^c})^{o_i}}{o_i!} \\
&= \exp\left(-p_{\mathbf{z}} n(\mathbf{Z}) - p_{\mathbf{z}^c} n(\mathbf{Z}^c)\right) \cdot p_{\mathbf{z}}^{o(\mathbf{Z})} \cdot p_{\mathbf{z}^c}^{o(\mathbf{Z}^c)} \cdot \prod_{i=1}^{m} \frac{n_i^{o_i}}{o_i!}
\end{aligned}
$$

$$(4.1)$$

となり, H_0 のもと ($p_{\mathbf{z}} = p_{\mathbf{z}^c} = p$) では,

$$
\begin{aligned}
L_0(p) &= \exp\left(-\sum_{i=1}^{m} n_i p\right) \prod_{i=1}^{m} \frac{(n_i p)^{o_i}}{o_i!} \\
&= \exp\left(-p n(\mathbf{G})\right) \cdot p^{o(\mathbf{G})} \cdot \prod_{i=1}^{m} \frac{n_i^{o_i}}{o_i!}
\end{aligned}
$$

$$(4.2)$$

となる.

尤度比 $LR(\mathbf{Z}, p_{\mathbf{z}}, p_{\mathbf{z}^c}, p) = L_1/L_0$ に対し, それぞれ最尤推定量 $\hat{p}_{\mathbf{z}} = \frac{o(\mathbf{Z})}{n(\mathbf{Z})}$, $\hat{p}_{\mathbf{z}^c} = \frac{o(\mathbf{Z}^c)}{n(\mathbf{Z}^c)}$, $\hat{p} = \frac{o(\mathbf{G})}{n(\mathbf{G})}$ を代入することにより, 尤度比

$$
LR(\mathbf{Z}) = \begin{cases} \dfrac{\left(\frac{o(\mathbf{Z})}{n(\mathbf{Z})}\right)^{o(\mathbf{Z})} \left(\frac{o(\mathbf{Z}^c)}{n(\mathbf{Z}^c)}\right)^{o(\mathbf{Z}^c)}}{\left(\frac{o(\mathbf{G})}{n(\mathbf{G})}\right)^{o(\mathbf{G})}}, & \frac{o(\mathbf{Z})}{n(\mathbf{Z})} > \frac{o(\mathbf{Z}^c)}{n(\mathbf{Z}^c)} \\[2em] 1, & \text{その他} \end{cases}
$$

$$(4.3)$$

を得る. また, $\left(\frac{o(\mathbf{G})}{n(\mathbf{G})}\right)^{o(\mathbf{G})} = \left(\frac{o(\mathbf{G})}{n(\mathbf{G})}\right)^{o(\mathbf{Z})} \left(\frac{o(\mathbf{G})}{n(\mathbf{G})}\right)^{o(\mathbf{Z}^c)}$, および領域 i の
期待観測数 (expected number of cases)

$$
e_i = n_i \cdot \frac{o(\mathbf{G})}{n(\mathbf{G})}
$$

$$(4.4)$$

を利用すると, (4.3) 式は, $\mathbf{Z}$ 内外の期待観測数 $e(\mathbf{Z}) = \sum_{i \in \mathbf{Z}} n_i \cdot \frac{o(\mathbf{G})}{n(\mathbf{G})}$ と
$e(\mathbf{Z}^c) = \sum_{i \notin \mathbf{Z}} n_i \cdot \frac{o(\mathbf{G})}{n(\mathbf{G})}$ を用いて,

$$
LR(\mathbf{Z}) =
\begin{cases}
\left(\dfrac{o(\mathbf{Z})}{e(\mathbf{Z})}\right)^{o(\mathbf{Z})}\left(\dfrac{o(\mathbf{Z}^c)}{e(\mathbf{Z}^c)}\right)^{o(\mathbf{Z}^c)}, & o(\mathbf{Z}) > e(\mathbf{Z}) \\[2em]
1, & \text{その他}
\end{cases}
\tag{4.5}
$$

と表すこともできる．ここに，$\sum_{i=1}^{m} o_i = \sum_{i=1}^{m} e_i$ である．また，領域 i の期待観測数には，式 (4.4) の他に，年齢・性・人種などのようにデータが j 個のカテゴリーに分類されている場合は，それら共変量の影響を調整した

$$
e_i = \sum_j e_{ij} = \sum_j n_{ij} \cdot \frac{o_j(\mathbf{G})}{n_j(\mathbf{G})}
\tag{4.6}
$$

を用いることもある．なお，計算を簡単にするために，実際には LR を対数変換した $LLR(\mathbf{Z}) = \log LR(\mathbf{Z})$ を用いることが多い．

4.2.2　ホットスポットの定義

ウィンドウ $\mathbf{Z}$ の全体集合 $\mathcal{Z} = \{\mathbf{Z}_1, \mathbf{Z}_2, \ldots\}$ の中から最大の対数尤度比 λ_1 を持つウィンドウ，つまり，

$$
\lambda_1 = LLR(\hat{\mathbf{Z}}_{(1)}) = \max_{\mathbf{Z} \in \mathcal{Z}} LLR(\mathbf{Z})
$$

なるウィンドウ $\hat{\mathbf{Z}}_{(1)}$ をホットスポットの候補と考える．加えて，$\hat{\mathbf{Z}}_{(1)}$ と領域が重複しない $\mathbf{Z} \in \mathcal{Z}$ の中で，次に大きい対数尤度比 λ_2 を持つウィンドウを $\hat{\mathbf{Z}}_{(2)}$ と表し，これを第2ホットスポットの候補とする．同様にして，第3ホットスポット〜第 K ホットスポットの候補についても，$\bigcup_{k=1}^{K} \hat{\mathbf{Z}}_{(k)}$ と領域が重複しない $\mathbf{Z} \in \mathcal{Z}$ の中で，対数尤度比の大きい順に $\hat{\mathbf{Z}}_{(k)}$ $(k = 3, 4, \ldots, K)$ として与えることができる[1]．

$\hat{\mathbf{Z}}$ が統計的に有意なホットスポットであるかどうかを評価するために

---

[1] Kulldorff は $\hat{\mathbf{Z}}_{(1)}$ を most likely cluster (MLC)，$\hat{\mathbf{Z}}_{(k)}$ $(k = 2, 3, \ldots)$ を secondary clusters とよんでいる．また，SaTScan™ には，複数のホットスポット間で領域の重複を認めるもの (overlapping cluster) の検出も実装されている．

は，H_0 のもとでの $\max_{\mathbf{Z} \in \mathcal{Z}} LLR(\mathbf{Z})$ の分布が必要だが，これを一意に定めることは解析的に困難である．したがって，空間スキャン統計量では，**モンテカルロ法**によるシミュレーションで求めた p 値によって有意性を評価するのが通例となっている．これにはいくつかの方法が提案されているが，ここでは Poisson モデルにおける一般的な方法について紹介する．

まず，総観測数 $o(\mathbf{G})$ と，各領域の人口 n_i $(i = 1, 2, \ldots, m)$ を固定したもとで，H_0 の状況を想定した観測数 o_i^* $(i = 1, 2, \ldots, m)$ を乱数によって作成する．この (n_i, o_i^*) に対してウィンドウ $\mathbf{Z}^*$ の集合 $\mathcal{Z}^*$ を求め，その中で最大対数尤度比 $LLR(\hat{\mathbf{Z}}_{(1)}^*) = \lambda_1^*$ を算出する．同様の作業を N 回繰り返してできる λ_1^* の集合 $\mathbf{\Lambda}^* = \{\lambda_{11}^*, \lambda_{12}^*, \ldots, \lambda_{1N}^*\}$ を定め，これらを元の $\mathbf{G}$ から求めた最大対数尤度比 λ_1 の値と比較する．$\mathbf{\Lambda}^*$ における λ_1 の降順での順位を R とすると，ホットスポット候補 $\hat{\mathbf{Z}}$ の p 値は，

$$p = \frac{R}{1 + N} \tag{4.7}$$

となる．p 値をきれいに表現するために，$N = 999$ や $N = 9999$ と設定することが多い．

第 2 ホットスポット〜第 K ホットスポット候補の p 値 $(p_2, p_3, \ldots, p_K)$ について，Kulldorff は $\hat{\mathbf{Z}}_{(1)}$ の p 値を求めたときと同じ $\mathbf{\Lambda}^*$ の分布における $LLR(\hat{\mathbf{Z}}_{(i)}) = \lambda_i$ $(i = 2, 3, \ldots, K)$ の降順での順位 R_i を用い，$p_i = R_i/(1 + N)$ とすることを提案している．

空間スキャン統計量は，解析対象領域内を可変なウィンドウ $\mathbf{Z}$ を用いて探索するため，任意の場所やサイズのホットスポットを検出することができる．また，最大尤度比を持つ $\hat{\mathbf{Z}}_{(1)}$ について評価を行うことで，検定の多重性の問題が生じないように工夫されている．

4.3 エシェロンスキャン法

4.3.1 エシェロンスキャン法の考え方について

さてここで，ウィンドウ $\hat{\mathbf{Z}}_{(1)}$ をどのように求めるかが問題になる．ひとつひとつの $\mathbf{Z}$ に対し $LLR(\mathbf{Z})$ を算出しながら $\hat{\mathbf{Z}}_{(1)}$ を探すのは非常に手

間であるし，そもそも領域数 m が極端に少ない場合を除き，一般的に $\mathbf{Z}$ を形成するパターンは膨大な数となるため，これらをもれなく調べることは現実的に不可能である．

そこで，効率よく $\mathbf{Z}$ のパターンを調べ（これを**スキャン**するという），現実的に計算可能な M 個の $\mathbf{Z}$ の集合 $\mathcal{Z} = \{\mathbf{Z}_1, \mathbf{Z}_2, \ldots, \mathbf{Z}_M\}, \mathbf{Z}_i \subset \mathbf{G}$ を構築するためのスキャン方法がいくつか提案されている．空間スキャン統計量を提唱した Kulldorff 自身は，円形状に $\mathbf{Z}$ をスキャンする方法を提案している．これは，ある発生源を中心に同心円状に感染範囲が拡大していくような伝染性の疾病などを対象にする場合に高い検出力を示し，また，アルゴリズムが簡便で計算コストが低いといった長所もある反面，川や道路に沿うような線状やその他の任意の形状をしたホットスポット検出には適さないことが指摘されている (Tango & Takahashi, 2005).

栗原 (2003)，石岡・栗原 (2012) は，エシェロン解析によって得られる階層構造に基づいてスキャンを行う**エシェロンスキャン法**を提案した．これは次のステップによって実行される[2]．

Step1)　解析対象データのエシェロンデンドログラムを作成する．

Step2)　デンドログラムの上位階層 $EN(1), EN(2), \ldots$ から順に，その階層に含まれる領域を上から順に $\mathbf{Z}$ に加えながら $\mathcal{Z} = \{\mathbf{Z}_1, \mathbf{Z}_2, \ldots\}$ を構築していく．

Step3)　$LLR(\hat{\mathbf{Z}}_{(1)}) = \max_{\mathbf{Z} \in \mathcal{Z}} LLR(\mathbf{Z})$ となるウィンドウ $\hat{\mathbf{Z}}_{(1)}$ をホットスポットの候補とする．

Step4)　モンテカルロ法によってホットスポットの有意性を評価する．

Step2 において，その階層に属する領域をすべてスキャンし終えたとき，または臨界値に達したとき，次の階層のスキャンが開始される．ここに，臨界値とは解析者があらかじめ定めておくもので，ウィンドウ $\mathbf{Z}$ 内に許容する人口数・最大領域数などが用いられる[3]．また，エシェロンスキャ

---

[2] エシェロンスキャン法のアルゴリズムは付録 A.2（アルゴリズム 3）を参照されたい．

[3] Kulldorff は，特に設定すべき値がない場合は $\mathbf{Z}$ 内の人口が全人口の 50% に達するまでスキャンを行うことを推奨している．

表 4.1 2017 年の東京 23 区の男性人口と男性肺炎死亡数

i	区	人口 (n_i)	肺炎死亡数 (o_i)	死亡率 (o_i/n_i)
1	千代田区	29,987	11	0.0367%
2	中央区	71,448	29	0.0406%
3	港区	117,353	31	0.0264%
4	新宿区	170,255	74	0.0435%
5	文京区	101,755	41	0.0403%
6	台東区	99,346	76	0.0765%
7	墨田区	131,814	75	0.0569%
8	江東区	250,950	131	0.0522%
9	品川区	187,822	110	0.0586%
10	目黒区	129,443	71	0.0549%
11	大田区	358,052	225	0.0628%
12	世田谷区	424,219	241	0.0568%
13	渋谷区	106,725	59	0.0553%
14	中野区	164,177	96	0.0585%
15	杉並区	268,520	157	0.0585%
16	豊島区	143,392	88	0.0614%
17	北区	171,577	131	0.0764%
18	荒川区	106,324	71	0.0668%
19	板橋区	275,327	201	0.0730%
20	練馬区	353,685	265	0.0749%
21	足立区	341,793	318	0.0930%
22	葛飾区	228,658	214	0.0936%
23	江戸川区	349,342	213	0.0610%
	全体	4,581,964	2,928	0.0639%

ン法によって選ばれる **Z** は必ず互いに連結する領域群になる.

エシェロンスキャン法を行うためのソフトウェアとして,R パッケージの echelon (Ishioka, 2020),ウェブアプリケーションの EcheScan (Kajinishi et al., 2019) が公開されている(第 6 章参照).

4.3.2 肺炎死亡データへの適用例

肺炎死亡データ

表 4.1 は,2017 年の東京 23 区の男性人口と男性肺炎死亡数を示してい

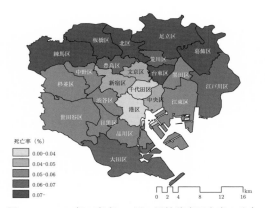

図 4.2　2017 年の東京 23 区の男性肺炎死亡率の分布

る[4]．このデータに対し，実際にエシェロンスキャン法を用いてホットス
ポットを検出してみよう．

　解析を始める前に，まずは肺炎死亡率の地理的な分布を確認しておく．
図 4.2 は，各地域の男性の肺炎死亡数と人口から算出される地域ごとの粗
死亡率（= 男性の肺炎死亡数 / 人口）の地理的分布を表したものである．
死亡率の高低には地域的な差異が見て取れ，23 区の北部に位置する地域
で特に死亡率が高く，逆に中心部では低いことがわかる．

　さて，このまま肺炎死亡数と人口を用いて式 (4.3) から尤度比を求める
こともできるが，肺炎などのように一般的に高齢者の方が死亡するリス
クが高い情報を扱う場合，各地域における人口の年齢構成の違いを調整
するのが望ましいとされる．表 4.2 は，このデータの肺炎死亡数の内訳を
0〜14 歳，15〜64 歳，65 歳以上の 3 つの集団に分けたものであるが，年
齢による死亡率の差が顕著なことがわかる．

　このような場合，表 4.3 で与えられるような地域 i，年齢階級 j の人口
n_{ij} $(i = 1, 2, \ldots, 23; j = 1, 2, 3)$ と，表 4.2 の年齢階級 j の肺炎死亡数 o_j
と人口 n_j を利用して，式 (4.6) を用いて地域ごとの年齢構成の違いを調

---

[4]出典：e-Stat 政府統計の総合窓口 (https://www.e-stat.go.jp) より「住民基本台
帳に基づく人口，人口動態及び世帯数調査」ならびに「死亡数，性・死因（選択死因
分類）・都道府県・市区町村別」．（閲覧日：2019 年 4 月 21 日）

表 4.2 2017 年の東京 23 区の年齢別男性肺炎死亡率

j	年齢階級	人口 (n_j)	肺炎死亡数 (o_j)	死亡率 (o_j/n_j)
1	0〜14 歳	539,781	2	0.0004%
2	15〜64 歳	3,174,956	89	0.0028%
3	65 歳以上	867,227	2,837	0.3271%
	全体	4,581,964	2,928	0.0639%

表 4.3 2017 年の東京 23 区の年齢別男性人口，調整期待死亡数，SMR

i	区	0-14 歳人口 (n_{i1})	15-64 歳人口 (n_{i2})	65 歳以上人口 (n_{i3})	調整期待死亡数 (e_i)	SMR (o_i/e_i)
1	千代田区	3,836	21,637	4,514	15.388	0.715
2	中央区	9,705	51,976	9,767	33.444	0.867
3	港区	16,505	83,354	17,494	59.627	0.520
4	新宿区	14,992	126,589	28,674	97.407	0.760
5	文京区	12,938	71,297	17,520	59.361	0.691
6	台東区	9,150	69,041	21,155	71.175	1.068
7	墨田区	14,372	90,833	26,609	89.647	0.837
8	江東区	33,457	169,528	47,965	161.786	0.810
9	品川区	22,083	131,278	34,461	116.496	0.944
10	目黒区	14,973	91,961	22,509	76.268	0.931
11	大田区	40,766	245,436	71,850	242.077	0.929
12	世田谷区	54,450	294,805	74,964	253.699	0.950
13	渋谷区	11,312	78,039	17,374	59.066	0.999
14	中野区	14,627	121,030	28,520	96.746	0.992
15	杉並区	29,447	190,015	49,058	165.921	0.946
16	豊島区	12,627	106,282	24,483	83.118	1.059
17	北区	17,943	116,052	37,582	126.263	1.038
18	荒川区	12,656	71,551	22,117	74.405	0.954
19	板橋区	31,895	187,862	55,570	187.173	1.074
20	練馬区	45,322	241,210	67,153	226.610	1.169
21	足立区	41,844	225,477	74,472	250.099	1.271
22	葛飾区	28,000	151,607	49,051	164.816	1.298
23	江戸川区	46,881	238,096	64,365	217.408	0.980
	全体	539,781	3,174,956	867,227	2,928	

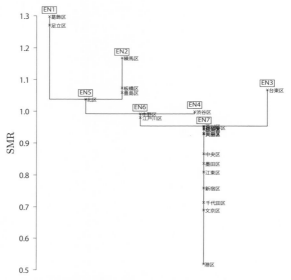

図 4.3 男性肺炎死亡 SMR のエシェロンデンドログラム

整した期待死亡数を算出し，式 (4.5) の尤度比を求めるのが望ましい．そうでなければ，もともと高齢者の占める割合が多い地域ほどホットスポットとして検出されやすくなってしまい，本当の意味での肺炎死亡のホットスポットが検出できているか疑わしい．なお，「調整期待死亡数に対する実死亡数」は，一般的に**標準化死亡比** (Standardized Mortality Ratio, **SMR**) とよばれる指標で，地域別の死亡率を比較する際などに利用される[5]．SMR が 1 より大きい地域は，その地域の死亡率が期待されたものよりも高いことを意味する．

SMR の値と各地域の隣接関係に基づいてエシェロン解析を適用し，その結果求まったエシェロンデンドログラムと，各エシェロンに関する情報をそれぞれ図 4.3 と表 4.4 に示す．

---

[5]SMR において，分母の調整期待死亡数 e_i を算出する際に必要な「カテゴリー j の死亡率」は，式 (4.6) のように必ずしも $o_j(\mathbf{G})/n_j(\mathbf{G})$ である必要はない．ところが空間スキャン統計量では $o(\mathbf{G}) = e(\mathbf{G})$ の関係が求められるため，一般に式 (4.6) の調整期待死亡数が用いられる．

表 4.4 男性肺炎死亡 SMR のエシェロンに関する情報

Stage	i	$EN(i)$	$CH(EN(i))$
1	1	葛飾区 足立区	ϕ
1	2	練馬区 板橋区 豊島区	ϕ
1	3	台東区	ϕ
1	4	渋谷区	ϕ
2	5	北区	$EN(j) \quad j = 1, 2$
2	6	中野区 江戸川区	$EN(j) \quad j = 1, 2, 4, 5$
2	7	荒川区 世田谷区 杉並区 品川区 目黒区 大田区 中央区 墨田区 江東区 新宿区 千代田区 文京区 港区	$EN(j) \quad j = 1, 2, 3, 4, 5, 6$

エシェロンスキャン法の実際

図 4.3 のデンドログラムのピークに含まれる地域から順にスキャンを行う．始めに $EN(1)$ の最上位に位置する葛飾区がスキャンされ，$\mathbf{Z}_1 = \{$葛飾区$\}$ となる．次に，同じ $EN(1)$ に属する足立区がスキャンされ，$\mathbf{Z}_2 = \{$葛飾区, 足立区$\}$ となる．ここまでで $EN(1)$ に属する地域はすべてスキャンされたので，続いて $EN(2)$ に対してスキャンが行われ，それぞれ $\mathbf{Z}_3 = \{$ 練馬区 $\}$，$\mathbf{Z}_4 = \{$ 練馬区, 板橋区 $\}$，$\mathbf{Z}_5 = \{$ 練馬区, 板橋区, 豊島区 $\}$ を得る．同様にして，残りの 2 つのピークをスキャンすることにより，それぞれ $\mathbf{Z}_6 = \{$ 台東区 $\}$，$\mathbf{Z}_7 = \{$ 渋谷区 $\}$ を得る．

続いて，ファウンデーションのスキャンに進む．ファウンデーションをスキャンする際には，その子孫 (CH) の階層も含めてスキャンが行われる．つまり，$EN(5)$ をスキャンする際には $CH(EN(5)) = \{EN(1), EN(2)\}$ も同時にスキャンされ，その結果，$\mathbf{Z}_8 = \{$葛飾区, 足立区, 練馬区, 板橋区, 豊島区, 北区 $\}$ となる．スキャンの臨界値を「$\mathbf{Z}$ 内の人口が全人口の 50% まで許容する」としたとき，$EN(7)$ までスキャンして求まる $\mathcal{Z} = \{\mathbf{Z}_1, \mathbf{Z}_2, \ldots, \mathbf{Z}_{11}\}$ の内訳，およびそれぞれ対応する対数尤度比は表 4.5 のようにまとめることができる．

表 4.5 より，$\mathbf{Z}_8 = \{$葛飾区, 足立区, 練馬区, 板橋区, 豊島区, 北区 $\}$ をスキャンしたときに尤度が最大となるため，これをホットスポット候補 $\hat{\mathbf{Z}}_{(1)}$ とする．また，第 2 ホットスポットの候補として $\mathbf{Z}_6 = \{$ 台東区 $\} =$

表 **4.5** **Z** の内訳と対応する対数尤度比

i	$\mathbf{Z}_i$	$LLR(\mathbf{Z}_i)$
1	葛飾区	7.142
2	葛飾区 足立区	17.925
3	練馬区	3.356
4	練馬区 板橋区	3.710
5	練馬区 板橋区 豊島区	3.837
6	台東区	0.164
7	渋谷区	0.000
8	葛飾区 足立区 練馬区 板橋区 豊島区 北区	23.352
9	葛飾区 足立区 練馬区 板橋区 豊島区 北区 渋谷区 中野区	22.147
10	葛飾区 足立区 練馬区 板橋区 豊島区 北区 渋谷区 中野区 江戸川区	20.625
11	葛飾区 足立区 練馬区 板橋区 豊島区 北区 渋谷区 中野区 江戸川区 台東区 荒川区	21.191

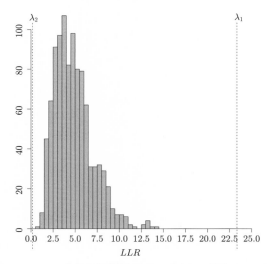

図 **4.4** H_0 のもとで生成されたモンテカルロ標本 $\mathbf{\Lambda}^*$ の分布

$\hat{\mathbf{Z}}_{(2)}$ を得る．図 4.4 は，検出された 2 箇所のホットスポット候補の有意性を評価するため，H_0 のもと $N = 999$ として生成されたモンテカルロ標本 $\mathbf{\Lambda}^*$ の分布上に，それぞれ $\lambda_1 = LLR(\hat{\mathbf{Z}}_{(1)})$ と $\lambda_2 = LLR(\hat{\mathbf{Z}}_{(2)})$ の位置を示している．この図から $\hat{\mathbf{Z}}_{(1)}$ は十分に有意なことがわかる．

表 4.6 男性肺炎死亡ホットスポットの検定結果

	人口	肺炎死亡数	SMR	RR	LLR	p 値
$\hat{\mathbf{Z}}_{(1)}$	1,514,432	1,217	1.172	1.295	23.352	0.001
$\hat{\mathbf{Z}}_{(2)}$	99,346	76	1.068	1.070	0.164	1.000

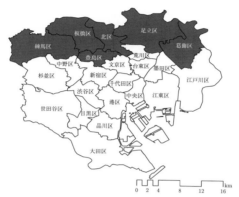

図 4.5 エシェロンスキャン法によって同定されたホットスポット

　最終的に，ホットスポットの検出結果は表 4.6 のようにまとめることができる．ここに，RR は**相対リスク** (Relative Risk) とよばれるもので，ここではウィンドウの内外の SMR の比を表している．この結果，エシェロンスキャン法に基づく 2017 年の東京 23 区の男性肺炎死亡ホットスポットは，北部の 6 地域が同定され（図 4.5），その有意性は $p = 0.001$ であった．

　本項では，エシェロンスキャン法の適用例として肺炎死亡データを用いたが，実際に検出されたホットスポットに対して「確かに問題である」と判断を下すには，扱うデータに対する専門的な知見に加え，地理的，時期的，行政的，倫理的，社会的などといった様々な観点から慎重な検討がなされるべきである．

　また本項では，簡便のため行政界（行政区画の境）を共有する地域を隣接と見なしてエシェロンを求めた．しかし，感染症のように人から人へと伝播する現象を扱うような場合は，このような地理的な隣接だけではな

く，たとえ地理的にはつながっていなくても人の往来が激しいような地域
（たとえば飛行機の往来が多い東京—大阪など）は，「隣接している」と見
なす方が妥当な場合もあるだろう．また，逆に地理的には隣接する地域で
あっても，その境界が山脈や河川，国境などによって隔てられていて，実
際には人の往来がほとんど無いような場合には，それらの地域を「隣接し
ている」と見なして解析を行うのは不適切かもしれない．

　近年では，GIS ソフトを用いることで，地域間の隣接情報を自動的か
つ容易に算出することが可能となったが，解析者はそのような自動的に作
成される隣接情報を一括りにそのまま用いるのではなく，個々の地域の状
況に応じた適切な「隣接」を検討する必要があるだろう．

4.4　空間スキャン統計量に関するその他の情報

4.4.1　空間スキャン統計量の展開

　空間スキャン統計量が様々な分野で広く活用されているのは前述した通
りである．それらについて詳解することは本書の範囲を逸脱するため，こ
こでは空間スキャン統計量の展開についての簡単な紹介にとどめる．

　本書で紹介した Poisson モデルの拡張としては，過分散を考慮した
quasi-Poisson モデル (Zhang et al., 2011)，検出される複数の集積領域の
内外でのリスク比（観測数 / 期待観測数）の差が大きくなるように Gini
係数を利用して集積領域の範囲を調整する Gini cluster (Han et al., 2016)，
データが複数のカテゴリー（グループ）で得られている場合に，ウィンド
ウ内の尤度をグループごとに独立に算出することでグループ単位での集積
性の有無を評価する Multivariate モデル (Kulldorff et al., 2007) などが
提案されている．また，Tango (2008)，Tango & Takahashi (2012) は，
低リスクの領域が検出されないように制約条件を課した空間スキャン統計
量 (Spatial scan statistic with a restricted likelihood ratio) を提案して
おり，その技法を後述する Circular scan 法や Flexible scan 法と組み合
わせて行うことができるソフトウェア FlexScan (Takahashi et al., 2010)
が公開されている．竹村ら (2021) は，この制約条件をエシェロンスキャ

ン法に応用することで，大規模データに対する高リスクな空間集積性の検出を試みている．有意性の評価について，Abrams et al. (2010) は，空間スキャン統計量の分布が Gumbel 分布に近似することを利用して，非常に詳しい精度で p 値を算出している．

また，空間スキャン統計量は解析するデータの性質に応じて正しいモデルが選択されるべきである．離散型のデータを扱う場合，Poisson モデルの他にも，症例対照研究 (case control study) などのように 2 つのカテゴリー別に観測数が得られている場合は，Bernoulli モデル (Kulldorff & Nagarwalla, 1995) が利用できる．これを 3 つ以上のカテゴリーに拡張した Multinomial モデル (Jung et al., 2010) や Ordinal モデル (Jung et al., 2007) も提唱されており，両者の違いはカテゴリー間に順序関係を定義できるかどうかである．Ordinal モデルの例としては，地域ごとのがん患者数ががんの進行具合（ステージ）別に得られているような場合に，末期がん患者が集積する地域を見つけるのに利用できる．また，各領域の観測数のみが経時的に得られているようなデータに対しては，その時空間集積性を評価する Space-time permutaion モデル (Kulldorff et al., 2005) が提案されている．

一方，連続型のデータでは，正負の観測値を扱う Normal モデル (Kulldorff et al., 2009) と，それを拡張した重み付き Normal モデル (Huang et al., 2009) が提案されており，両者の違いはウィンドウ内外において等分散を仮定するか否かである．さらには，事象発生までの時間に焦点を置いたモデルとして，Exponential モデル (Huang et al., 2007) や Weibull モデル (Bhatt & Tiwari, 2014) が提案されている．これらは，地域ごとの末期がん患者に対して 10 年間経過観察したような場合に（ただし，患者の何名かは途中で観察が打ち切られ，生存の有無が不明とする），生存年数の短い患者が集積する地域を見つけるのに利用できる．

4.4.2 スキャン手法について

使用する空間スキャン統計量のモデルを選択した後は，ウィンドウのとり方（スキャン手法）を決める．これまで複数のスキャン手法が提案さ

れているが，扱うデータの傾向やサイズなどに応じてそれぞれ向き・不向きがある．本書で紹介したエシェロンスキャン法の他にも，円形状にスキャンを行う **Circular scan 法** (Kulldorff & Nagarwalla, 1995)，楕円形状にスキャンを行う Elliptic scan 法 (Kulldorff et al., 2006) が提唱されており，これらはデータの観測された位置（点）の情報から算出した距離情報を利用する．さらにスキャンの対象を従来の二次元（XY 平面）上に時間軸 Z を加えた三次元空間に拡張し，円柱形状（楕円柱形状）のウィンドウを用いて「空間 (XY)」と「時間 (Z)」を同時にスキャンすることで**空間–時間集積性**（space-time cluster，時空間ホットスポット）をみる Cylindrical space-time scan 法も提唱されている．Cylindrical space-time scan 法には，任意の時点をスキャンする後ろ向き (Retrospective) 法 (Kulldorff, et al., 1998) や，常に最近の時点を含むようにスキャンを行うことで現在進行中の集積性 (alive cluster) について評価する前向き (Prospective) 法 (Kulldorff, 2001) が提案されており，これは各種のサーベイランス問題の解析に応用されている（高橋・丹後, 2008）．

　次に，任意の形状をしたウィンドウでスキャンを行う手法をいくつか紹介する．Tango & Takahashi (2005) は，領域間の距離情報と隣接情報を利用して，Circular scan 法でカバーされる範囲内の領域で互いに連結するウィンドウのパターンを総当たりにスキャンする **Flexible scan 法**を提案している．また，隣接行列に基づいて作成される Upper Level Set を使用してスキャンを行う ULS scan 法 (Patil & Taillie, 2004) や，ウィンドウ内の尤度に基づいて領域内をスキャンしていく Simulated Annealing scan 法 (Duczmal & Assunção, 2004)，Double Connection scan 法 (Costa et al., 2012)，Maximum Linkage scan 法 (Costa et al., 2012) などが提案されている．さらに近年では，超高速グラフ列挙技術を応用することにより，解析対象領域のすべてのウィンドウのパターンを現実的な計算時間内でスキャンする試みも行われている (Ishioka et al., 2019)．

4.4.3　ソフトウェアについて

　Kulldorff らによって開発されているソフトウェア SaTScan^{TM} は，数

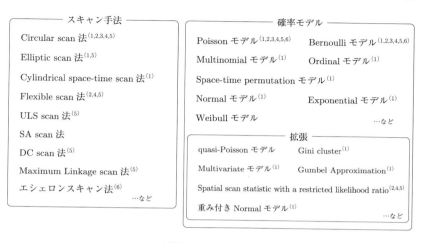

図 4.6 本書で紹介した各手法と対応するソフト等（2020 年 9 月 4 日時点）

多くのモデルをカバーしている．SaTScan™ は複数の OS 向けに開発されており，さらには統計ソフトの R 上で SaTScan™ を実行するためのパッケージ rsatscan (Kleinman, 2015) や SAS 用のマクロも公開されている．Takahashi et al. (2010) の FlexScan は，上述した Flexible scan 法を行うための WindowsOS 向けのソフトウェアで，日本語のマニュアルもあり利用しやすい．その他，空間スキャン統計量に関連した R パッケージとして，SpatialEpi (Chen et al., 2018)，rflexscan (Otani & Takahashi, 2020)，smerc (French, 2020) などが公開されている．本書で紹介した各手法と対応するソフトは図 4.6 のようにまとめられる．

　本書ではとりわけ，空間スキャン統計量の考え方を踏まえた空間集積性について述べてきたが，これ以外の空間集積性の評価方法についても網羅的に解説している文献としては，丹後ら (2007)，Rogerson & Yamada (2008)，Glaz et al. (2009)，Tango (2010) などを参照されたい．

第 5 章

エシェロンスキャン法の応用

5.1 米国ノースカロライナ州のSIDSデータへの応用

5.1.1 データの概要

　米国ノースカロライナ州の**乳幼児突然死症候群** (Sudden Infant Death Syndrome, **SIDS**) のデータに対し，空間スキャン統計量を用いたホットスポットの検出例を紹介する．このデータは，ノースカロライナ州の100郡を対象に，1974年7月1日〜1978年6月30日，および1979年7月1日〜1984年6月30日の2つの期間において，それぞれ出生数，白人以外の出生数，SIDS死亡数などが集計されている．両期間を通した総出生数は 752,354 人，SIDS死亡の総数は 1,503 人となっており，1,000人当たりの死亡率は全体で約 2.00% になる．図 5.1 は，各郡の SIDS 死亡率を色の濃淡で表した地図である．この図から，主に州南部や州北東部

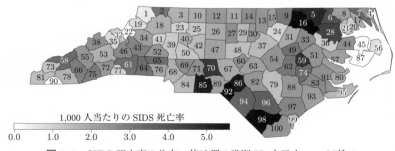

図 5.1 SIDS 死亡率の分布．値は郡の識別 ID を示す． → 口絵 4

図 5.2 Circular scan 法によって同定されたホットスポット

に位置する郡の死亡率が高いことが観察できる.

5.1.2 Circular scan 法の適用

　SIDS データは,空間データ分析における標準的なデータセットとして,これまでにも様々な空間統計手法の適用が試みられてきた.そんな中,Kulldorff (1997) はこの SIDS データを例にして,彼の提唱した Poisson モデルに基づく空間スキャン統計量 (LLR) と **Circular scan 法** を用いてホットスポットクラスター検出を行っている.ここでは,その分析結果の一部を紹介しよう.

　Circular scan 法では,各々の領域の代表点を中心に,あらかじめ定めた臨界値に達するまで同心円状にスキャンしながら,統計量が最大となるウィンドウを探索する.Kulldorff は,郡庁所在地の座標を各郡の代表点とし,また,ウィンドウ内の出生数が総出生数の半分になるまで円を拡大させたところ,2 つの有意なホットスポットが検出されたと述べている.ホットスポットとして同定された郡を図 5.2 に示す.最も LLR が大きくなった地域群は,州南部に位置する Robeson (ID: 94) を中心とした 5 郡 (ID: 94, 96, 98, 86, 92) からなり,その有意性は $p = 0.0001$ であった.また,次に LLR が大きい地域群として,州北東部に位置する Northampton (ID: 5) を中心とした 3 郡 (ID: 5, 16, 6) が認められ,その有意性は

```
R:sids_name.out

CLUSTERS DETECTED

1.Location IDs included.: 94:Robeson, 96:Bladen, 98:Columbus, 86:Hoke, 92:Scotland
  Coordinates / radius..: (302,51) / 27.86
  Population............: 36376
  Number of cases.......: 139
  Expected cases........: 72.67
  Annual cases / 100000.: 381.3
  Observed / expected...: 1.91
  Relative risk.........: 2.01
  Log likelihood ratio..: 25.380685
  P-value...............: 0.0001

2.Location IDs included.: 5:Northampton, 16:Halifax, 6:Hertford
  Coordinates / radius..: (385,176) / 26.00
  Population............: 14388
  Number of cases.......: 59
  Expected cases........: 28.74
  Annual cases / 100000.: 409.2
  Observed / expected...: 2.05
  Relative risk.........: 2.10
  Log likelihood ratio..: 12.484724
  P-value...............: 0.0003

3.Location IDs included.: 85:Anson
  Coordinates / radius..: (240,75) / 0
  Population............: 3445
  Number of cases.......: 19
  Expected cases........: 6.88
  Annual cases / 100000.: 550.4
  Observed / expected...: 2.76
  Relative risk.........: 2.78
  Log likelihood ratio..: 7.225956
  P-value...............: 0.0344

4.Location IDs included.: 64:Cleveland, 65:Lincoln
  Coordinates / radius..: (158,99) / 20.00
  Population............: 15425
  Number of cases.......: 46
  Expected cases........: 30.81
  Annual cases / 100000.: 297.6
  Observed / expected...: 1.49
  Relative risk.........: 1.51
  Log likelihood ratio..: 3.323025
  P-value...............: 0.7387
```

図 5.3　SIDS データに対するソフトウェア SaTScan^{TM} の実行結果. 第 1 ホットスポット, 第 2 ホットスポットに加え, $p < 0.05$ なる第 3 ホットスポット (ID: 85 の Anson のみで形成) も検出されている.

$p = 0.0003$ であったとしている[1]. また, 図 5.3 には, この分析をソフトウェア SaTScan^{TM} を用いて再現した結果を示している.

---

[1]この分析を R のパッケージを用いて行うためのコードを付録 B に記した.

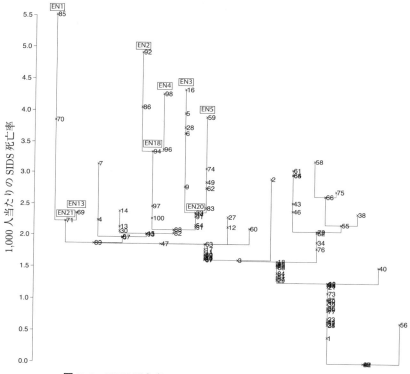

図 5.4 SIDS 死亡率のエシェロンデンドログラム → 口絵 6

5.1.3 エシェロンスキャン法の適用

栗原 (2003) は，エシェロン解析を用いて SIDS データの階層構造を表現し，その構造に基づいたスキャンによってホットスポット候補の検出を試みている．各郡における SIDS 死亡率に対して，隣接情報に基づきエシェロン解析を適用した結果，得られたデンドログラムを図 5.4 に示す．ここに，隣接情報には Cressie & Read (1985) によって示された「郡境界線の共有を隣接と考える」を採用している．

大きなピークで形成されるエシェロンの集まりが 3 つほど確認でき，それらをエシェロン番号で表すと，21(1 13)，18(2 4)，20(3 5) となる．これらのエシェロンを形成する郡を上位からスキャンし，Poisson モデルによる LLR を計算すると表 5.1 が得られる．1 番目のホットスポット

表 5.1　上位エシェロンの *LLR*

EN	ID	出生数	SIDS	累積出生数	累積 SIDS	*LLR*
1	85	3,445	19	3,445	19	7.226
	70	2,856	11	6,301	30	8.744
13	69	9,768	23	9,768	23	0.298
21(1 13)	71	5,395	12	21,464	65	5.088
2	92	4,872	24	4,872	24	7.462
	86	3,200	13	8,072	37	10.002
4	98	7,494	32	7,494	32	7.377
	96	3,834	13	11,328	45	8.732
18(2 4)	94	16,976	57	36,376	139	**25.381**
	97	2,830	7	39,206	146	24.880
	100	4,836	11	44,042	157	23.612
3	16	8,071	35	8,071	35	8.371
	5	3,027	12	11,098	47	10.695
	28	2,940	11	14,038	58	12.497
	6	3,290	12	17,328	70	14.338
	9	2,158	6	19,486	76	14.247
5	59	2,048	8	2,048	8	1.461
	74	7,814	24	9,862	32	3.274
	49	8,408	24	18,270	56	4.601
	62	14,865	41	33,135	97	6.592
	83	1,228	3	34,363	100	6.611
20(3 5)	33	8,016	19	61,865	195	**19.397**
	44	2,131	5	63,996	200	19.271
	91	13,463	31	77,459	231	18.492
	54	8,779	19	86,238	250	17.680
	51	11,729	25	97,967	275	16.702

候補は，*LLR* が最大となった 18(2 4) 内の 5 郡 (ID: 92, 86, 98, 96, 94)
であり，この地域群は Kulldorff の結果と一致する．2 番目の候補として，
20(3 5) 内の 11 郡 (ID: 16, 5, 28, 6, 9, 59, 74, 49, 62, 83, 33) が検出され，
このとき *LLR* = 19.397 であった．これら 2 つのホットスポット候補を
図 5.5 に示している．エシェロンに基づく方法を利用することにより，円

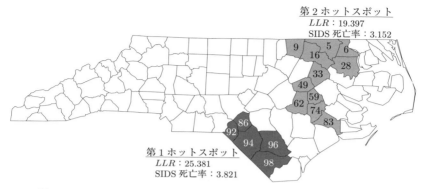

図 5.5 エシェロンの構造に基づいて同定されたホットスポット → 口絵 5

状のスキャンでは検出できなかった形状のホットスポットが検出できていることがわかる.

　検出されるホットスポットの有意性の評価については，R のパッケージ echelon を利用することで確認できる．詳細は 6.1.3 項を参照されたい.

5.2　放射線量モニタリングポストデータへの応用

5.2.1　データの概要

　2011 年 3 月の東北地方太平洋沖地震，ならびにこれにともなう津波によって発生した**東京電力福島第一原子力発電所** (Fukushima Daiichi Nuclear Power Plant) **事故**は，大量の放射性物質を大気中に放出し，その結果，自然環境や経済社会に深刻な打撃を与えた．この事故に係るモニタリングを確実に，かつきめ細やかに実施するため，政府は 2011 年 8 月 2 日に総合モニタリング計画を策定し，関係府省，自治体，原子力事業者等が連携して，モニタリングによる空間線量率の調査を実施している．本節では，福島第一原発周辺のモニタリング調査で収集された空間線量率のデータに対し，エシェロンスキャン法を用いてホットスポット検出を試みた事例 (Ishioka & Kurihara, 2021) を紹介する.

図 5.6 モニタリングポストの外観写真（出典：原子力規制委員会 平成 26 年 1 月 9 日プレスリリース）

　扱うデータは，原子力規制委員会が提供する「放射線モニタリング情報」のウェブサイト[2])において一般に公開されているリアルタイム線量測定システム（通称：**モニタリングポスト**）の測定値である．モニタリングポストとは，同一観測点における地上 50 cm～1 m の高さでの 10 分ごとの**空間線量率**（単位：μSv/h）を測定する機器（図 5.6）で，2019 年 8 月 1 日の時点で全国約 4,400 箇所に設置されている（うち，福島県は約 3,700 箇所）．

解析対象地域と期間

　対象とする地域は，放射線量の深刻度が最も高い地域と国が指定した**帰還困難区域** (difficult-to-return-zone)[3])である．これは，福島県の南相馬市，大熊町，双葉町，富岡町，浪江町，飯舘村，葛尾村の 7 市町村の一部から構成され，その面積は約 337 km^2 にも及ぶ．調査期間については，事故後に増設され続けたモニタリングポスト（観測点）の数が一旦落ち着き，同一地点においてまとまった量のデータが取得できるようになってい

---

[2])http://radioactivity.nsr.go.jp/map/ja/

[3])年間の放射線被ばくレベルが 50 μSv/h を超える区域．原則として立ち入りが禁止されており，区域境にはバリケードが設置されている．

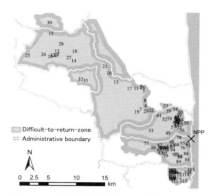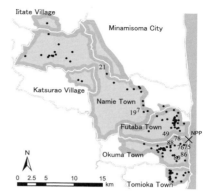

図 5.7 帰還困難区域の概念図．NPP は福島第一原子力発電所である．左図において，今回扱う 116 の観測点の位置を識別 ID で示している．右図において，月平均測定値の高い上位 10 の観測点を識別 ID，それ以外の観測点を "●" で示している．

た 2012 年 4 月 1 日午前 12 時から開始し，そのちょうど 3 年後の 2015 年 3 月 31 日午後 11 時 50 分までとしている．

データの整理

　これらの地域・期間で収集されたデータのうち，器具の不具合に起因した不自然に高い測定値を除外した上で，月単位で空間線量率の平均値を算出した．最終的に，エシェロン解析で用いるデータは図 5.7 の地図上にある 116 の観測点で測定された 2,955 個の空間線量率の月平均値となる．表 5.2 には，今回の分析に用いた各市町村における観測点の数の変遷と，その月までに算出されたデータ数の累積を示している．また，図 5.8 には，空間線量率の月平均値の推移を示している．

　図 5.8 より，対象期間を通じて全体的に線量率は減少していることがわかる．また，図 5.7（右）より，原発からの距離の近さが必ずしも線量率の高低とは比例しないことが見て取れる．たとえば，原発から距離が離れている 21 番の測定値の方が，原発に近い他の複数の測定値よりも放射線量が高いことがわかる．

表 5.2　帰還困難区域の市町村における観測点の数の変遷とその年月までのデータ数の累積. 2013 年 12 月には帰還困難区域等を対象にモニタリングポストが大幅に増設された.

年月	帰還困難区域に含まれる市町村							計	累積
	南相馬	大熊	双葉	富岡	浪江	飯舘	葛尾		
2012 年 4 月	0	14	14	8	18	1	1	56	56
2012 年 11 月	0	15	14	8	18	1	1	57	449
2012 年 12 月	0	15	15	8	18	1	1	58	507
2013 年 1 月	0	14	15	8	18	1	1	57	564
2013 年 4 月	0	15	15	8	18	1	1	58	736
2013 年 12 月	0	30	30	21	27	1	2	111	1,253
2014 年 4 月	0	31	30	21	29	1	2	114	1,700
2015 年 3 月	0	33	29	21	29	1	2	115	2,955

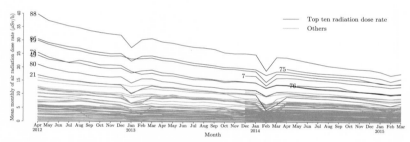

図 5.8　空間線量率の月平均値の推移. 縦軸は空間線量率の月平均値, 横軸は年月を示す. 月平均測定値の高い上位 10 の観測点については, その開始月の左に識別 ID を示している (これらは図 5.7 (右) の地図上の ID と対応する). なお, 2013 年 1 月と 2014 年 2 月は, 記録的な大雪によりモニタリングポストが雪に埋もれたため, 一時的に線量率が低下している.

5.2.2　エシェロンスキャン法の適用

隣接情報の定義

　モニタリングポストデータは地点参照データのため, それ自身は隣接情報を有しておらず, エシェロン解析を適用できない. 各データの観測された「点」に対して隣接関係を与えるには, 単純に点同士の距離の近さで定めたり, 最近隣 k 地点を隣接とする方法, または, ある法則に基づいて「点」を「面」に変換するドロネー三角網やボロノイ図などが利用できる.

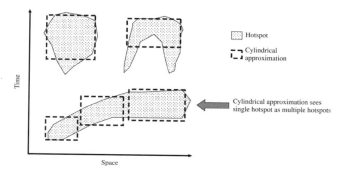

Figure 7. Temporal evolution of a spatial hotspot is represented by the shape of the hotspot in space-time. Cylinders may not adequately capture this shape.

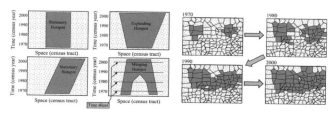

Figure 8. The four diagrams on the left depict different types of space-time hotspots. The spatial dimension is represented schematically on the horizontal axis while time is on the vertical axis. The diagrams on the right show the trajectory (sequence of time slices) of a merging hotspot.

図 5.9　Cylindrical space-time scan 法による時空間ホットスポット検出の問題点 (Patil & Taillie, 2004).　Cylindrical space-time scan 法は，そのスキャン法の性質により，実際は空間 (space) と時間 (time) をまたいだ単一のホットスポットであるにもかかわらず，複数の別々のホットスポットとして検出してしまう例が紹介されている.

　ここでは，**ボロノイ図** (Voronoi diagram) によって隣接関係を与えることとする．ボロノイ図とは，ある平面上の任意の位置に配置された複数個の点（母点）に対し，同一距離の他の点がどの母点に近いかによって平面を分割するもので，地球物理学や気象学などで応用されている.

　加えて，今回のようにデータの測定された「場所」の情報に加え，「時間」の情報も利用できる場合には，空間–時間集積性について評価できる．空間スキャン統計量に依拠した時空間ホットスポット検出手法としては，4.4.2 項で紹介した Kulldorff et al. (1998) や Kulldorff (2001) による円柱状のウィンドウを用いた Cylindrical space-time scan 法が広く利用されているが，これに対し Patil & Taillie (2004) は，Kulldorff の方法はホ

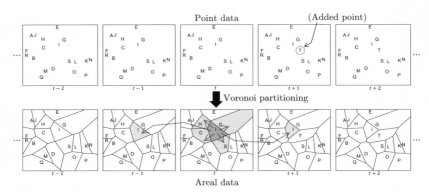

図 5.10　隣接情報のイメージ．空間的にはボロノイ図による面に基づいた自然な隣接を考え，時間的には隣り合う同一観測点を隣接としている．たとえば，時点 t の観測点 I は，時点 t の観測点 C, G, H, S，時点 $t-1$ の観測点 I，時点 $t+1$ の観測点 I，の全部で 6 つの観測点と隣接する．

ットスポットの拡大，移動，分裂といった時間的な推移を十分に表現できないと主張している（図 5.9）．

　エシェロン解析は，複数の次元で構成されるデータであっても，その各々の値（領域）に対し隣接情報を与えることで，それを二次元上にデンドログラムで記述できる．また，デンドログラムの構造に基づいてスキャンすることにより，空間的にも時間的にも柔軟な形状をしたホットスポットの検出が可能となる (Ishioka et al., 2007)．ここでは，時間的な隣接情報として，「ある観測点における測定値は 1 つ前の時点の影響を受け，1 つ後の時点に影響を与えている」と考えて，「隣り合う月における同一地点の観測点は隣接する」と見なしエシェロン解析を試みた．最終的に，今回の分析では図 5.10 のように隣接情報を与えている．

放射線量モニタリングポストデータに対する時空間ホットスポット

　図 5.11 は，空間線量率の月平均値に対し，上記で与えた隣接情報に基づき作成されたエシェロンデンドログラムを表している．このデンドログラムに基づきスキャンを実施した結果，空間と時間をまたいだ単一のホッ

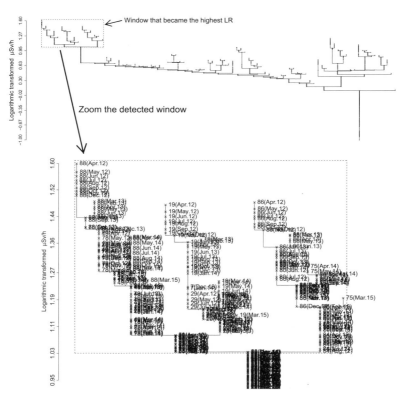

図 5.11 空間線量率のエシェロンデンドログラム．ここに，デンドログラムの形状を見やすくするため，空間線量率の対数変換値を用いている．また，統計量が最大となったウィンドウを点線で囲んでいる．各々のデータのデンドログラム上での位置は「ID（年月）」で示されており，たとえば「88 (Apr.12)」は 2012 年 4 月に 88 番の観測点で測定された値を意味する．

トスポット候補が検出され，$p = 0.001$ で有意と判定された[4]．

結果は，大熊町，双葉町，浪江町にある 14 の観測点がホットスポットとして認められた．これらがいつの時点でホットスポットとなっていたかは，図 5.12 で確認することができる．ホットスポットは，2012 年 4 月

---

[4] 対象データが連続型であるため，ここでは Normal モデルに基づく空間スキャン統計量 (Kulldorff et al., 2009) を用いている．また，有意性の評価はモンテカルロ検定 (permutation test) に基づいている．

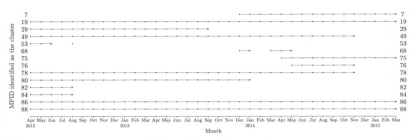

図 5.12 ホットスポットの時間的な推移. 縦軸はホットスポットと認められた観測点の識別 ID, 横軸は年月を示す. たとえば, 82 番の観測点は 2012 年 4 月から 8 月までの間でホットスポットと認められた.

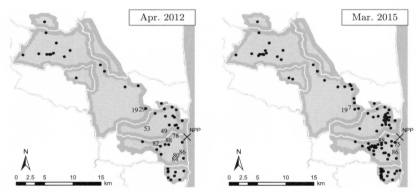

図 5.13 調査開始時のホットスポット (左) と調査終了時のホットスポット (右). ホットスポットと認められた観測点を識別 ID, それ以外の観測点を "●" で示している.

の調査開始時では図 5.13 (左) で示した 10 の観測点 (ID: 19, 29, 49, 53, 78, 80, 82, 84, 86, 88) で認められていたが, 2015 年 3 月の調査終了時には, 途中モニタリングポストが大幅に増設されていたにもかかわらず, 図 5.13 (右) に示す 5 つの観測点 (ID: 7, 19, 75, 86, 88) にまで減少し, それが原発周辺 (ID: 75, 86, 88) とその北西方向 (ID: 7, 19) の 2 つの地域に分かれているように見える. さらに, 19 番, 86 番, 88 番の観測点は調査期間を通じてホットスポットとなったが, 特に 19 番は原発から比較的離れた場所に位置していることは興味深い. また, 季節的な傾向は特に見ら

れなかった.

　検出されたホットスポットの空間的・時間的な変動の原因について，風向き，気温，天候，土地利用，標高などといった様々な要因からの影響を検討することは，今後の重要な課題になるだろう.

第 **6** 章

エシェロン解析のための
ソフトウェア

6.1 R パッケージ echelon

本節では，エシェロン解析を行うための R パッケージ echelon (Ishioka, 2020) の利用方法について，本書で扱った例を中心に説明する[1]．

```
###パッケージのインストールとロード
> install.packages("echelon")
> library(echelon)
```

6.1.1 一次元空間データのエシェロン解析

2.1 節で紹介した一次元空間データに適用する例を示す．まず，A から Y までの 25 個の領域の値 $h(i)$ $(i = 1, 2, \ldots, 25)$，および隣接情報を**空間隣接行列 W** で与える．空間隣接行列とは，m 個の領域を持つ空間データにおいて，**W** の (i, j) 要素 $(i = 1, 2, \ldots, m; j = 1, 2, \ldots, m)$ が，

$$\mathbf{W}_{i,j} = \begin{cases} 1, & \text{領域 } i \text{ と領域 } j \text{ が隣接していると見なす} \\ 0, & i = j, \text{ または領域 } i \text{ と領域 } j \text{ が隣接していると見なさない} \end{cases}$$

で与えられる m 行 m 列の対称行列である．

---

[1]本書で用いた OS は Windows 10，R のバージョンは 4.0.2，パッケージのバージョンは 0.1.0 である（いずれも 2020 年 9 月 3 日時点）．

```
###一次元データ
> h <- c(1, 2, 3, 4, 3, 4, 5, 4, 3, 2, 3, 4, 5, 6, 5, 6, 7, 6, 5,
  4, 3, 2, 1, 2, 1)

###一次元空間データの空間隣接行列
> W <- matrix(0, 25, 25)
> W[1,2] <- 1
> for(i in 2:24) W[i, c(i-1, i+1)] <- c(1,1)
> W[25,24] <- 1
> W
      [,1] [,2] [,3] [,4] [,5]       [,23] [,24] [,25]
 [1,]   0    1    0    0    0          0     0     0
 [2,]   1    0    1    0    0          0     0     0
 [3,]   0    1    0    1    0  . . ..  0     0     0
 [4,]   0    0    1    0    1          0     0     0
 [5,]   0    0    0    1    0          0     0     0
                      :                      :
                      :                      :
[23,]   0    0    0    0    0          0     1     0
[24,]   0    0    0    0    0  . . ..  1     0     1
[25,]   0    0    0    0    0          0     1     0
```

echelon 関数の引数x と引数nb に，それぞれ上記で作成したデータベクトルh と空間隣接行列W を指定することでエシェロン解析が実行され，図 6.1 のようなエシェロンデンドログラムが出力される．また，引数name で各領域の名称を設定することもできる．ここでは，アルファベットの大文字が A から順番に格納されているベクトルLETTERS を利用して，1 番目～25 番目の領域にそれぞれ A～Y の名前を指定している．

```
###エシェロン解析の実行
#エシェロン解析の結果（echelon オブジェクト）を変数 one.eche に代入
> one.eche <- echelon(x = h, nb = W, name = LETTERS[1:25])
```

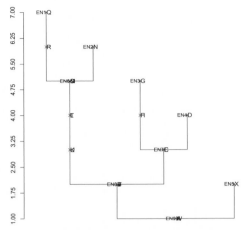

図 6.1 一次元空間データのエシェロンデンドログラム

```
#デンドログラム上に各領域の名前を表示
> text(one.eche$coord, one.eche$regions.name, adj = -0.1)
```

　各エシェロンの情報はechelonオブジェクト内の要素Echelonsと
Tableで確認できる．Echelonsには，各エシェロンに属する領域とその
値が格納されている．たとえば，第1ピーク（$EN(1)$）は，3つの領域
{Q, P, R} が属し，それらの値はそれぞれ 7, 6, 6 であることがわかる．

```
###各エシェロンに属する領域とその値
> one.eche$Echelons
$EN1
[1] "Q(7)" "P(6)" "R(6)"

$EN2
[1] "N(6)"

$EN3
[1] "G(5)" "F(4)" "H(4)"
```

```
$EN4
[1] "D(4)"


$EN5
[1] "X(2)"


$EN6
[1] "M(5)" "O(5)" "S(5)" "L(4)" "T(4)" "K(3)" "U(3)"


$EN7
[1] "C(3)" "E(3)" "I(3)"


$EN8
[1] "B(2)" "J(2)" "V(2)"


$EN9
[1] "A(1)" "W(1)" "Y(1)"
```

Table で出力される表には，各エシェロンの詳細な情報 (Myers et al., 1997; Kurihara et al., 2000) がまとめられている.

表の1列目の数字 i はエシェロン番号 ($EN(i)$) である.

各エシェロンの詳細情報

```
> one.eche$Table
```

	Order	Parent	Maxval	Minval	Length	Cells	Progeny	Family	Level
1	1	6	7	6	2	3	0	1	3
2	1	6	6	6	1	1	0	1	3
3	1	7	5	4	2	3	0	1	3
4	1	7	4	4	1	1	0	1	3
5	1	9	2	2	1	1	0	1	1
6	2	8	5	3	3	7	2	3	2
7	2	8	3	3	1	3	2	3	2
8	3	9	2	2	1	3	2	7	1
9	3	0	1	1	0	3	2	9	0

2 列目 Order において，"1" はピークのエシェロンを示し，"2" は $EN(i)$ の子のエシェロン（直近の上位エシェロン）がすべて Order $= 1$ であることを意味する．以降，$EN(i)$ の子のエシェロンの Order の値がすべて "k" のときは $EN(i)$ の Order $= k+1$ となり，そうでない場合は，子のエシェロンの Order の最大値が $EN(i)$ の Order になる．

3 列目の Parent は，$EN(i)$ の親のエシェロン（$EN(i)$ のファウンデーション）のエシェロン番号を示す．

4 列目の Maxval は，$EN(i)$ に属する領域の最大値を示す．

5 列目の Minval は，$EN(i)$ に属する領域の最小値を示す．

6 列目の Length は，$EN(i)$ の「Maxval」と「Parents の Maxval」の差を示す．

7 列目の Cells は，$EN(i)$ に属する領域数を示す．

8 列目の Progeny は，$EN(i)$ の子のエシェロンの数を示す．

9 列目の Family は，$FM(EN(i))$ の数を示す．

10 列目の Level は，$EN(i)$ の先祖のエシェロン（Parents からルートエシェロンまでのエシェロン）の数を示す．

6.1.2　肺炎死亡データのホットスポット検出

4.3.2 項で紹介した 2017 年の東京 23 区の男性肺炎死亡データに適用する例を示す[2]．地域データを扱う場合，隣接情報を手作業で構築するのは大変なので，ここでは R パッケージの sf を用いて**シェープファイル** (Shape File)[3] から自動的に隣接情報を生成する．sf は，Simple Feature Access とよばれる現在主流の GIS データの規格を R で扱うためのパッケージで，ミュンスター大学の Edzer Pebesma 教授を中心に開発が進められている．本書では，分析結果の地図上への描画については必

---

[2] 本項で使用するデータファイル一式は，`https://fishi.ems.okayama-u.ac.jp/ fishioka/onepoint.zip` からダウンロードできる．また，R の作業ディレクトリはダウンロードした zip ファイルを解凍してできるフォルダが指定されていることを前提とする．

[3] シェープファイルは米国 ESRI 社が提唱した地理情報フォーマット．現在多くの GIS ソフトウェアで採用されている．

表 6.1 日本のシェープファイルの主な入手先

	サイト名	入手先 URL
(1)	国土交通省国土地理院 地球地図日本	`http://www.gsi.go.jp/kankyochiri/` `gm_jpn.html`
(2)	国土交通省 国土数値情報ダウンロード	`http://nlftp.mlit.go.jp/ksj`
(3)	ESRI ジャパン 全国市区町村界データ	`http://www.esrij.com/products/japan-shp`
(4)	e-Stat 政府統計の総合窓口 地図で見る統計（統計 GIS）	`https://www.e-stat.go.jp/gis`

要最低限にとどめるが，sf の使用法に関する詳細や，R 上でより洗練された地図を描く方法については，`https://r-spatial.github.io/sf` や Brunsdon & Comber（湯谷ら（訳），2018）を参照されたい．

日本のシェープファイルは，表 6.1 などのサイトから入手することができる．ここでは，表 6.1(1) の行政界データ（2015 年版）を本書向けに一部加工した日本全国の市区町村界のシェープファイル（jpn_adm.shp）を用いて，東京 23 区の地理空間情報を取得する方法について述べる．jpn_adm.shp は，adm_code（5 桁の市区町村コード），KEN（都道府県の名称），SIKUCHOSON（市区町村の名称）の 3 つのフィールドで構成されている．

```
###sf パッケージのインストールとロード
> install.packages("sf")
> library(sf)

###全国市区町村のシェープファイルの読み込みと描画
> jpn.sf <- st_read("shapefile/jpn_adm.shp")
> plot(st_geometry(jpn.sf))

###東京 23 区の sf オブジェクトを生成
> code <- 13101:13123    #東京 23 区の市区町村コード
```

```
> t23.sf <- jpn.sf[which(is.element(jpn.sf$adm_code, code)),]
> t23.sf
Simple feature collection with 23 features and 3 fields
geometry type:  MULTIPOLYGON
    :
    :
First 10 features:
    adm_code   KEN SIKUCHOSON                    geometry
635    13101 東京都    千代田区 MULTIPOLYGON (((139.7701 35...
636    13102 東京都      中央区 MULTIPOLYGON (((139.7889 35...
637    13103 東京都        港区 MULTIPOLYGON (((139.7575 35...
638    13104 東京都      新宿区 MULTIPOLYGON (((139.6773 35...
639    13105 東京都      文京区 MULTIPOLYGON (((139.7611 35...
640    13106 東京都      台東区 MULTIPOLYGON (((139.8098 35...
641    13107 東京都      墨田区 MULTIPOLYGON (((139.8204 35...
642    13108 東京都      江東区 MULTIPOLYGON (((139.7979 35...
643    13109 東京都      品川区 MULTIPOLYGON (((139.7728 35...
644    13110 東京都      目黒区 MULTIPOLYGON (((139.7174 35...

> plot(st_geometry(t23.sf))
```

　次に，4.3.2項で紹介した2017年のそれぞれ3つの年齢階級における男性肺炎死亡数 (table42.csv) と地域ごとの男性人口数 (table43.csv) データを読み込み[4]SMR を算出するとともに，それらを地図上に描画して地理的な分布を確認しておこう[5]（図6.2）.

```
###データの読み込み
> table42 <- read.csv("data/table42.csv")
> table42
   age       n       o
```

---

[4]MacOS 環境の場合，`read.csv` の引数に `encoding="cp932"`を追加するなどして，ファイルエンコーディングエラーを回避しておく.

[5]MacOS 環境で文字化けする場合は，`text` 関数を実行する前に `par(family = "HiraKakuProN-W3")`を実行するなどして，フォントを明示的に指定する.

```
1   1  539781     2
2   2 3174956    89
3   3  867227  2837


> table43 <- read.csv("data/table43.csv")
> table43
    ID    Name       n     n1      n2     n3    o
1    1 千代田区  29987   3836   21637   4514   11
2    2   中央区  71448   9705   51976   9767   29
3    3     港区 117353  16505   83354  17494   31
4    4   新宿区 170255  14992  126589  28674   74
5    5   文京区 101755  12938   71297  17520   41
     :
     :
22  22   葛飾区 228658  28000  151607  49051  214
23  23 江戸川区 349342  46881  238096  64365  213
```

SMR の算出
```
> p <- table42$o/table42$n    #年齢階級別の死亡率
> attach(table43)
> e <- (n1 * p[1]) + (n2 * p[2]) + (n3 * p[3])    #調整期待死亡数
> SMR <- o/e
```

SMR の分布を地図上に描画
```
#t23.sf に SMR のフィールドを追加
> t23.sf <- cbind(t23.sf, SMR)
> t23.sf
Simple feature collection with 23 features and 4 fields
geometry type:  MULTIPOLYGON
    :
    :
First 10 features:
    adm_code   KEN SIKUCHOSON       SMR
635    13101 東京都   千代田区 0.7148615 MULTIPOLYGON
636    13102 東京都     中央区 0.8671164 MULTIPOLYGON
```

```
637    13103 東京都       港区 0.5199017 MULTIPOLYGON
638    13104 東京都     新宿区 0.7597016 MULTIPOLYGON
639    13105 東京都     文京区 0.6906948 MULTIPOLYGON . . ..
640    13106 東京都     台東区 1.0677969 MULTIPOLYGON
641    13107 東京都     墨田区 0.8366172 MULTIPOLYGON
642    13108 東京都     江東区 0.8097101 MULTIPOLYGON
643    13109 東京都     品川区 0.9442412 MULTIPOLYGON
644    13110 東京都     目黒区 0.9309271 MULTIPOLYGON

> plot(t23.sf["SMR"], reset = FALSE)

###各地域のラベル付け
#各地域の重心位置を XY 座標として抽出
> t23.geo <- st_coordinates(st_centroid(st_geometry(t23.sf)))
> text(t23.geo, labels = t23.sf$SIKUCHOSON)
```

　続いて，シェープファイルの持つ地域の境界情報から自動的に隣接情報（nb オブジェクト）を生成してくれるpoly2nb 関数（パッケージ spdepに収録）を使用して，東京 23 区のnb オブジェクトを生成する．

```
###spdep パッケージのインストールとロード
> install.packages("spdep")
> library(spdep)

###東京 23 区の隣接情報（nb オブジェクト）の生成
> t23.nb <- poly2nb(t23.sf)
> t23.nb
Neighbour list object:
Number of regions: 23
Number of nonzero links: 110
Percentage nonzero weights: 20.79395
Average number of links: 4.782609

###エシェロン解析の実行
```

図 6.2 2017 年の東京 23 区の男性肺炎死亡 SMR の分布

```
> t23.eche <- echelon(x = SMR, nb = t23.nb,
  name = t23.sf$SIKUCHOSON, ylab = "SMR",
  main = "2017 年東京 23 区男性肺炎死亡のエシェロンスキャン")
```

エシェロンスキャン法を行う際の空間スキャン統計量のモデルは，それぞれ Poisson モデルに基づくもの（echepoi 関数）と Bernoulli モデルに基づくもの（echebin 関数）が利用できる．各関数で設定できる主な引数は次の通りである．

- echepoi 関数
  - echelon.obj : echelon オブジェクト
  - cas : 死亡数
  - pop : 人口数
  - ex : 期待死亡数
  - K : スキャンの臨界値
  - n.sim : モンテカルロシミュレーションの繰り返し数
  - cluster.type : ホットスポットモデル ("high") かコールドスポ

　ットモデル ("low") か（デフォルトは"high"）

　　— cluster.info : スキャンの結果を画面上に表示する (TRUE) か否
　　　(FALSE) か（デフォルトはFALSE）

● echebin 関数

　　— echelon.obj : echelon オブジェクト

　　— cas : 症例数

　　— ctl : 対照数

　　— K, n.sim, cluster.type, cluster.info : 使用法はechepoi 関
　　　数と同じ

　スキャンの臨界値を設定するための引数K は，0 < K < 1で指定する
とウィンドウ内の人口の総数が100K% になるまでスキャンが実行され，
K > 1の整数で指定するとウィンドウ内の領域数が最大K 個になるまでス
キャンが実行される．2017 年男性肺炎死亡データのホットスポット検出
を行うため，ここではウィンドウ内の人口の50% になるまでスキャン，
モンテカルロ検定の繰り返し数を999 回としてechepoi 関数を実行した
例を示す．

```
###エシェロンスキャン法の実行
> t23.echep <- echepoi(t23.eche, cas = o, pop = n, ex = e,
  K = 0.5, n.sim = 999, cluster.info = TRUE)


------------ CLUSTERS DETECTED -------------
Number of locations ......: 23 region
Limit length of cluster ..: 50 percent of population
Total cases ..............: 2928
Total population .........: 4581964
Scan for Area with .......: High Rates
Number of Replications ...: 999
Model ....................: Poisson
--------------------------------------------------
MOST LIKELY CLUSTER -- 6 regions
```

```
   Cluster regions included : 葛飾区, 足立区, 練馬区, 板橋区, 豊島
区, 北区
   Population .............: 1514432
   Number of cases ........: 1217
   Expected cases .........: 1038.0808
   Observed / expected .....: 1.1724
   Relative risk ..........: 1.2949
   Log likelihood ratio ....: 23.3521
   Monte Carlo rank ........: 1/1000
   P-value ................: 0.001
---------------------------------------------
SECONDARY CLUSTERS
2 -- 1 regions
   Cluster regions included : 台東区
   Population .............: 99346
   Number of cases ........: 76
   Expected cases .........: 71.1746
   Observed / expected .....: 1.0678
   Relative risk ..........: 1.0696
   Log likelihood ratio ....: 0.1641
   Monte Carlo rank ........: 1000/1000
   P-value ................: 1
---------------------------------------------


> detach(table43)
```

###デンドログラム上に各領域の名前を表示
```
> text(t23.eche$coord, labels = t23.eche$regions.name, adj = -0.1)
```

上記のコードを実行することにより，図 6.3 のデンドログラムが出力される．

　最後に，検出されたホットスポットを地図上に描画しておこう．検出されたホットスポット領域の情報は，echepoi 関数の実行結果の中のリストclusters に格納されている．

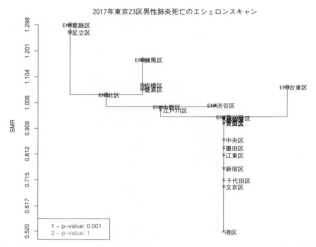

図 6.3　東京 23 区の男性肺炎死亡データへのエシェロンスキャン法の適用結果

```
###ホットスポット情報
> t23.echep$clusters

[[1]]
[[1]]$regionsID
[1] 22 21 20 19 16 17

[[1]]$pop_inZ
[1] 1514432

[[1]]$cas_inZ
[1] 1217

[[1]]$ex_inZ
[1] 1038.081

[[1]]$LLR
[1] 23.35214
```

```
[[1]]$p
[1] 0.001

[[2]]
[[2]]$regionsID
[1] 6

[[2]]$pop_inZ
[1] 99346

[[2]]$cas_inZ
[1] 76

[[2]]$ex_inZ
[1] 71.17459

[[2]]$LLR
[1] 0.1640753

[[2]]$p
[1] 1
```

###ホットスポットと認められた領域を地図上に描画
```
> MLC <- t23.echep$clusters[[1]]$regionsID
> plot(st_geometry(t23.sf),
  main = "2017 年の東京 23 区の男性肺炎死亡のホットスポット")
> plot(st_geometry(t23.sf)[MLC], col = "red", add = TRUE)
> text(t23.geo, labels = t23.sf$SIKUCHOSON)
```

上記のコードを実行することにより，図 6.4 の地図が出力される．

2017年の東京23区の男性肺炎死亡のホットスポット

図 6.4　エシェロンスキャン法によって同定されたホットスポット

6.1.3　米国ノースカロライナ州の SIDS のホットスポット検出

5.1.3 項で紹介した米国ノースカロライナ州の SIDS データに適用する例を示す．SIDS データはパッケージ spData に収録されている nc.sids が利用できる．

```
###spData パッケージのインストールとロード
> install.packages("spData")
> library(spData)


###ノースカロライナ州 SIDS データ
> data(nc.sids)
> str(nc.sids)
'data.frame':   100 obs. of  15 variables:
 $ CNTY.ID: num   1825 1827 1828 1831 1832 ...
 $ BIR74  : num   1091 487 3188 508 1421 ...
 $ SID74  : num   1 0 5 1 9 7 0 0 4 1 ...
 $ NWBIR74: num   10 10 208 123 1066 ...
 $ BIR79  : num   1364 542 3616 830 1606 ...
 $ SID79  : num   0 3 6 2 3 5 2 2 2 5 ...
 $ NWBIR79: num   19 12 260 145 1197 ...
```

```
$ east   : num   164 183 204 461 385 411 453 421 344 233 ...
$ north  : num   176 182 174 182 176 176 173 177 177 175 ...
$ x      : num   -81.7 -50.1 -16.1 406 281.1 ...
$ y      : num   4052 4060 4044 4035 4030 ...
$ lon    : num   -81.5 -81.1 -80.8 -76 -77.4 ...
$ lat    : num   36.4 36.5 36.4 36.5 36.4 ...
$ L.id   : num   1 1 1 1 1 1 1 1 1 ...
$ M.id   : num   2 2 2 4 4 4 4 4 3 2 ...
```

まずは，1974 年〜1978 年の出生数 (BIR74) と SIDS 死亡数 (SID74)，および 1979 年〜1984 年の出生数 (BIR79) と SIDS 死亡数 (SID79) を用いて，1974 年〜1984 年の郡別の 1,000 人当たりの SIDS 死亡数 ($h(i), i = 1, 2, \ldots, 100$) を算出し，エシェロン解析を行う．ノースカロライナ州の 100 郡の隣接情報（nb オブジェクト）は，パッケージ spData に収録されている ncCR85.nb を利用する．これは，5.1.3 項で用いた各郡の境界の共有に基づいた隣接情報 (Cressie & Read, 1985) となっている[6]．

```
###SIDS 死亡数，出生数，1000 人当たりの SIDS 死亡数を算出
> SIDS.cas <- nc.sids$SID74 + nc.sids$SID79
> SIDS.pop <- nc.sids$BIR74 + nc.sids$BIR79
> SIDS.rate <- SIDS.cas * 1000 / SIDS.pop

###ノースカロライナ州の 100 郡の隣接情報
> ncCR85.nb
Neighbour list object:
Number of regions: 100
Number of nonzero links: 492
Percentage nonzero weights: 4.92
Average number of links: 4.92

###エシェロン解析の実行
```

---

[6]この他にも，Cressie & Chan (1989) で用いられた郡庁所在地が 30 マイル以内の郡を隣接と見なした ncCC89.nb も利用できる．

```
> SIDS.eche <- echelon(x = SIDS.rate, nb = ncCR85.nb,
  name = row.names(nc.sids))
```

　続いて，解析対象期間の出生数 (SIDS.pop) と SIDS 死亡数 (SIDS.cas)
に基づきホットスポットを検出する．SIDS の死亡率は低いので，Pois-
son モデルに基づく空間スキャン統計量を採用すればよいだろう．ここ
で，スキャンの臨界値はウィンドウ内に許容する郡の数が最大で 20 郡
になるまでとし，モンテカルロ検定の繰り返し数は 99 回とした．また，
echepoi 関数の引数coo に各郡の位置座標情報（たとえば緯度 (lat) と経
度 (lon)）を指定すると，各郡の位置関係，ならびに尤度比の大きい方か
ら上位 5 つのホットスポット候補の位置を模式化した図が出力される．

```
###各領域の位置情報
> NC.coo <- cbind(nc.sids$lon, nc.sids$lat)

###ホットスポットの検出
> echepoi(SIDS.eche, cas = SIDS.cas, pop = SIDS.pop, K = 20,
  n.sim = 99, coo = NC.coo, main = "Hgih rate clusters",
  ens = FALSE)

MOST LIKELY CLUSTER -- 5 regions
  Cluster regions included : Scotland, Hoke, Columbus, Bladen,
Robeson
  Population .............: 36376
  Number of cases ........: 139
  Expected cases .........: 72.6694
  Observed / expected ....: 1.9128
  Relative risk ..........: 2.0058
  Log likelihood ratio ...: 25.3807
  Monte Carlo rank .......: 1/100
  P-value ................: 0.01

###デンドログラム上に各領域の名称を表示
```

```
> text(SIDS.eche$coord, labels = SIDS.eche$regions.name,
  adj = -0.1, cex = 0.7)
```

上記のコードを実行することにより，デンドログラムの構造に基づいてスキャンした結果（図 6.5），およびそれらのホットスポット候補の位置を示した模式図（図 6.6）が出力される．図 6.6 より，最も尤度比が高くなったのは南部の 5 領域（模式図上の "1"）で，次いで北東部に位置する 11 領域が検出された（模式図上の "2"）．また，モンテカルロ検定の結果，これら 2 つのホットスポット候補はいずれも 1% 有意 (p-value: 0.01) と判定されたことが読み取れる．

6.2　ウェブアプリケーション「EcheScan」

　エシェロン解析を行うためのウェブアプリケーションである **EcheScan** (`https://fishi.ems.okayama-u.ac.jp/echescan`) について紹介する．このアプリケーションは，前節で紹介した R パッケージの `echelon` で提供されている関数の一部をウェブ上で利用できるようにしたもので，エシェロン解析から Poisson モデルを用いたエシェロンスキャンまでの一連の流れが実装されている (Kurihara et al., 2020; Kajinishi et al., 2019)．開発には R パッケージの `shiny` を用いているため，エシェロンデンドログラムの描画やエシェロンスキャンを行う際に，各種パラメータのインタラクティブな操作が可能となっている．ここでは，EcheScan のトップページ（図 6.7）にあるサンプルデータの中から，米国ニューメキシコ州の肺がんデータを用いて，時空間ホットスポットを検出する例を紹介する．

米国ニューメキシコ州の肺がんデータ

　このデータは，米国ニューメキシコ州の 32 郡における 1973 年〜1991 年の各年の人口と，この 19 年間に悪性肺がんと診断された患者の数が集計されており，その総人口数は 25,604,291 人，総患者数は 9,254 人である．また，それらは男女別に 5 歳ごとに分けられた 18 の年齢階級（5

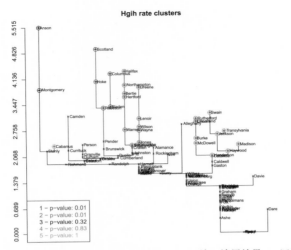

図 6.5　SIDS データへのエシェロンスキャン法の適用結果 → 口絵 7

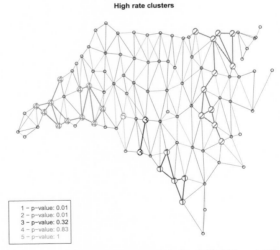

図 6.6　ホットスポット候補の位置を示した模式図 → 口絵 8

歳未満，5〜9 歳，10〜14 歳，. . .，80〜84 歳，85 歳以上）で構成されて

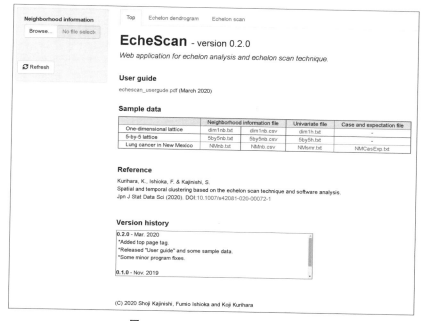

図 6.7 EcheScan のトップページ

いる[7]. ホットスポットを地図上に表現した際の解釈をしやすくするた
め, ここでは解析対象の 19 年間を 6 つの期間, すなわち, 第 1 期：1973～
1975, 第 2 期：1976～1978, 第 3 期：1979～1981, 第 4 期：1982～1984,
第 5 期：1985～1987, 第 6 期：1988～1991 に集約する. それぞれ人口数
と肺がん患者数を n_{itjk}, o_{itjk} （郡の通し番号：$i = 1, 2, \ldots, 32$; 期間：
$t = 1, 2, \ldots, 6$; 年齢階級：$j = 1, 2, \ldots, 18$; 性別：$k = 1, 2$) と表すと
き, (郡, 期間)$= (i, t)$ における調整期待患者数 e_{it} と SMR_{it} は,

$$e_{it} = \sum_{j=1}^{18} \sum_{k=1}^{2} n_{itjk} P_{jk}, \tag{6.1}$$

---

[7]データは SaTScan™ のウェブサイト (https://www.satscan.org/datasets.
html) で公開されている.

$$SMR_{it} = \frac{o_{it}}{e_{it}} = \frac{\sum_{j=1}^{18} \sum_{k=1}^{2} o_{itjk}}{e_{it}} \tag{6.2}$$

で求めることができる. ここに, $P_{jk} = \sum_{i=1}^{32} \sum_{t=1}^{6} o_{itjk} / \sum_{i=1}^{32} \sum_{t=1}^{6} n_{itjk}$ は, 男女別・年齢階級別の肺がん罹患率である.

このデータを 192 領域 (32 郡 ×6 期間) からなる三次元の空間データと見なすとき, 各領域 $l_3(i,t)\,(i=1,2,\ldots,32; t=1,2,\ldots,6)$ に対する最も簡便な隣接情報の与え方としては,

$NB(l_3(i,t))$

$$= \begin{cases} \{l_3(k,t)|\ 郡\ i\ と郡\ k\ が隣接\ \} \cup l_3(i,t+1), & t=1 \\ \{l_3(k,t)|\ 郡\ i\ と郡\ k\ が隣接\ \} \cup l_3(i,t+1) \cup l_3(i,t-1), & 1<t<6 \\ \{l_3(k,t)|\ 郡\ i\ と郡\ k\ が隣接\ \} \cup l_3(i,t-1), & t=6 \end{cases}$$

$$\tag{6.3}$$

が考えられる.

EcheScan の活用

(6.3) 式に基づく隣接情報 (NMnb.txt), および (6.2) 式によって求めた SMR (NMsmr.txt) が記述されたファイルを EcheScan のトップページからダウンロードし, 画面左側にあるパネルの [Neighborhood information] と [Univariate] からそれぞれ読み込む[8]. また同様に, 肺がん患者数 o_{it} とその期待数 e_{it} が記述されたファイル (NMCasExp.txt) を [Case & Expectation] から読み込み [RUN] ボタンをクリックすると, 右側の画面の [Echelon Scan] タブにスキャンの実行結果が表示される. 図6.8 は, スキャンされるウィンドウの臨界値を最大 30 領域まで, モンテカルロ検定の繰り返し数を 999 回に設定した際の結果を示しており, 全部で 29 の領域がホットスポットとして同定され, その対数尤度比 (LLR) は 93.883, p 値は 0.001 であったことが読み取れる. さらに, 画面下部の [Vertical range:] や [Horizontal range:] を変更することで, デンドログラムの任意

---

[8]読み込むファイル形式のフォーマットについては, トップページにある [User guide] を参照されたい.

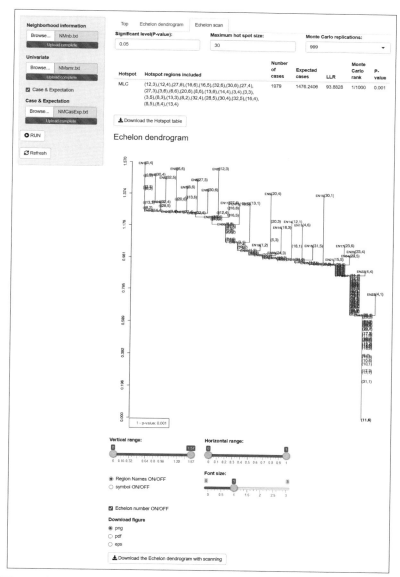

図 6.8 米国ニューメキシコ州の肺がんデータへのエシェロンスキャン法の適用結果

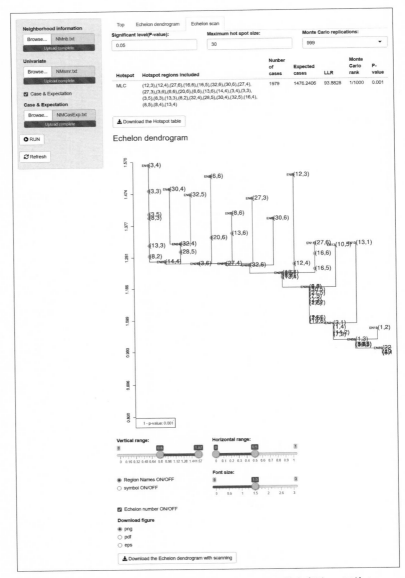

図 6.9　ホットスポットと認められたエシェロンの拡大表示 → 口絵 9

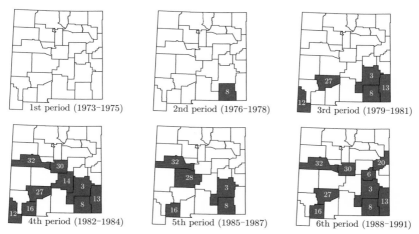

図 6.10 ホットスポットの視覚化. 値は郡の識別 ID を示す.

の場所を拡大表示することができる. 図 6.9 は, デンドログラムにおいて
ホットスポットと認められたエシェロンの部分を拡大させたものを示して
いる.

　図 6.10 は, 検出されたホットスポットを GIS ソフトを用いて地図上に
視覚化した結果である. 第 1 期はホットスポットと認められる郡は存在
しなかったが, 時間の経過とともに 8 番の郡を中心とする南東部にホッ
トスポットが認められ, 第 4 期以降では西部と南西部にもそれが広がる
など, ホットスポットが時間の経過とともに複雑に変化している様子が見
て取れる.

付録 A　アルゴリズム

A.1　エシェロンを求めるアルゴリズム

アルゴリズム 1 は表 A.1 における入力値 (I) に対して，エシェロンのピークに関する必要な情報を出力値 (O) として与える.

表 **A.1**　アルゴリズム 1 の入力値および出力値

I / O	変数名	要　素	参　照
I	LCT	$\{i \mid i = 1, 2, \ldots, NL\}$（初期値）	格子のカウンター
I	$H(i)$	$\{h \mid h$ は格子 i のデータの値$\}$	データから所与
I	$NB(i)$	$\{k \mid k$ は格子 i の近傍$\}$	データから所与
O	NP	ピークの数	エシェロンの数
O	$EN(i)$	$\{k \mid k$ は第 i エシェロンに含まれる格子$\}$	格子番号
O	$NB(EN(j))$	$\{k \mid k$ は第 j エシェロンの近傍$\}$ $= \cup_{l \in EN(j)} NB(l) - EN(j)$	格子番号

アルゴリズム 1 i 番目のピーク $EN(i)$ を求めるアルゴリズム

Ensure: Find peaks

  $i \Leftarrow 0$

  $LCT \Leftarrow \{i = 1, 2, \ldots, NL\}$

  while $LCT \neq \phi$ **do**

    $i \Leftarrow i + 1$

    $EN(i) \Leftarrow \phi$

    $M(i) \Leftarrow \arg\max\limits_{j \in LCT} H(j)$

    while $H(M(i)) > \max\limits_{j \in \{NB((M(i)) \cup EN(i))\}} H(j)$ **do**

      $EN(i) \Leftarrow EN(i) \cup \{M(i)\}$

      $LCT \Leftarrow LCT - \{M(i)\}$

      $M(i) \Leftarrow \arg\max\limits_{j \in NB(EN(i))} H(j)$

    end while

    $LCT \Leftarrow LCT - \{M(i)\}$

    if $EN(i) = \phi$ **then**

      $i \Leftarrow i - 1$

    end if

    $NP \Leftarrow i$

  end while

アルゴリズム 2 は表 A.2 における入力値 (I) に対して，エシェロンのファウンデーションに関して必要な情報を出力値 (O) として与える．

表 A.2　アルゴリズム 2 の入力値および出力値

I / O	変数名	要 素	参 照
I	NP	ピークの数	アルゴリズム 1 で出力
I	LCT	$\{i \mid i = 1, 2, \ldots, NL\} - \cup_{j=1}^{NP} EN(j)$（初期値）	格子のカウンター 格子のカウンター
I	ECT	$\{i \mid i = 1, 2, \ldots, NP\}$（初期値）	エシェロンのカウンター
I	$H(i)$	$\{h \mid h$ は格子 i のデータの値$\}$	データから所与
I	$NB(i)$	$\{k \mid k$ は格子 i の近傍$\}$	データから所与
I	$NB(EN(j))$	$\{k \mid k$ は第 j エシェロンの近傍$\}$ $= \cup_{l \in EN(j)} NB(l) - EN(j)$	アルゴリズム 1 で出力
I	$FM(EN(j))$	$EN(j)$	ピークに対する初期設定
I	$NB(FM(EN(j)))$	$\{k \mid k$ は第 j 一族の近傍$\}$ $= \cup_{l \in FM(EN(j))} NB(l) - FM(EN(j))$	一族に対する初期設定
O	NE	エシェロンの数	ピークとファウンデーション
O	$EN(i)$	$\{k \mid k$ は第 i エシェロンに含まれる格子$\}$	格子番号
O	$NB(EN(j))$	$\{k \mid k$ は第 j エシェロンの近傍$\}$ $= \cup_{l \in EN(j)} NB(l) - EN(j)$	格子番号
O	$FM(EN(j))$	$\{k \mid k$ は第 j エシェロンの一族$\}$	格子番号

アルゴリズム 2 i 番目のファウンデーション $EN(i)$ を求めるアルゴリズム

Ensure: Find foundations

$i \Leftarrow NP$

$LCT \Leftarrow \{i = 1, 2, \ldots, NL\} - \cup_{j=1}^{NP} EN(j)$

$ECT \Leftarrow \{i = 1, 2, \ldots, NP\}$

while $LCT \neq \phi$ **do**

  $i \Leftarrow i + 1$

  $EN(i) \Leftarrow \phi$

  $M(i) \Leftarrow \arg \max\limits_{j \in LCT} H(j)$

  $CN \Leftarrow \{j | NB(M(i)) \cap FM(EN(j)) \neq \phi, j \in ECT\}$

  $FM(EN(i)) \Leftarrow \cup_{j \in CN} FM(EN(j)) \cup \{M(i)\}$

  $ECT \Leftarrow ECT \cup \{i\} - CN$

  while $\{NB(FM(EN(i)))\} \neq \phi$ **do**

    while $H(M(i)) > \max\limits_{j \in \{NB(FM(EN(i)))\}} H(j)$ **do**

    $LCT \Leftarrow LCT - \{M(i)\}$

    $EN(i) \Leftarrow EN(i) \cup \{M(i)\}$

    $M(i) \Leftarrow \arg \max\limits_{j \in \{NB(FM(EN(i))) \cap LCT\}} H(j)$

    $FM(EN(i)) \Leftarrow FM(EN(i)) \cup \{M(i)\}$

  end while

  end while

  if $LCT \neq \phi$ **then**

    $FM(EN(i)) \Leftarrow FM(EN(i)) - \{M(i)\}$

  end if

  $NE \Leftarrow i$

end while

A.2　エシェロンスキャン法のアルゴリズム

　アルゴリズム 3 は表 A.3 における入力値 (I) に対して，エシェロンス
キャン法の実行結果に関して必要な情報を出力値 (O) として与える．な
お，アルゴリズム内で用いられている $LLR(Z)$ は領域の集合 Z に対する
空間スキャン統計量（対数尤度比）の値を意味し，$HV(Z)$ は領域の集合
Z に対する臨界値に用いる変量の値を意味する．

表 A.3　アルゴリズム 3 の入力値および出力値

I / O	変数名	要素	参照
I	NP	ピークの数	アルゴリズム 1 で出力
I	NE	エシェロンの数	アルゴリズム 2 で出力
I	$N(i)$	第 i エシェロンに含まれる領域の数	アルゴリズム 1 および 2 の結果から所与 $$NL = \sum_{i=1}^{NE} N(i)$$
I	$CH(EN(i))$	$\{k \mid k$ は第 i エシェロンの子孫$\}$	アルゴリズム 1 および 2 の結果から所与
I	$ZE(i, j)$	第 i エシェロンの上から j 番目の領域	アルゴリズム 1 および 2 の結果 から所与 $i = 1, 2, \ldots, NE$ $j = 1, 2, \ldots, N(i)$
I	$MAXHV$	臨界値	解析者が任意に指定
O	$MAXLLR$	ホットスポット候補の対数尤度比	$LLR(\hat{Z})$
O	$MAXZ$	ホットスポット候補の領域	$\hat{Z}$

アルゴリズム 3 エシェロンスキャン法のアルゴリズム

Ensure: Find maximum LLR and window Z

$MAXLLR \Leftarrow -\infty$

$MAXZ \Leftarrow \phi$

$i \Leftarrow 1$

while $i \leq NE$ **do**

  $j \Leftarrow 1$

  if $i \leq NP$ **then**

    $Z \Leftarrow ZE(i, j)$

  end if

  if $i > NP$ **then**

    $Z \Leftarrow CH(EN(i)) \cup ZE(i, j)$

  end if

  while $j \leq N(i)$ **and** $HV(Z) \leq MAXHV$ **do**

    if $LLR(Z) > MAXLLR$ **then**

      $MAXLLR \Leftarrow LLR(Z)$

      $MAXZ \Leftarrow Z$

    end if

    $j \Leftarrow j + 1$

    if $ZE(i, j) \neq \phi$ **then**

      $Z \Leftarrow Z \cup ZE(i, j)$

    end if

  end while

  $i \Leftarrow i + 1$

end while

付録B R による Circular scan 法を用いた SIDS データのホットスポット検出

B.1 パッケージ SpatialEpi の利用

5.1.2 項で紹介した Circular scan 法を用いた SIDS データのホットスポット検出について，実際に R パッケージ SpatialEpi (Chen et al., 2018) によって行うためのコードを示す．

```
###SpatialEpi パッケージのインストールとロード
> install.packages("SpatialEpi")
> library(SpatialEpi)

###SIDS データの準備
> install.packages("spData")
> library(spData)
> data(nc.sids)

###SIDS 死亡数，出生数，SIDS の期待死亡数の算出
> SIDS.cas <- nc.sids$SID74 + nc.sids$SID79
> SIDS.pop <- nc.sids$BIR74 + nc.sids$BIR79
> SIDS.expected <- expected(SIDS.pop, SIDS.cas, n.strata = 1)

###郡庁所在地の座標を取得
> nc.geo <- cbind(nc.sids$east, nc.sids$north)

###Circular scan 法の実行
> SIDS.circ <- kulldorff(geo = nc.geo, cases = SIDS.cas,
  population = SIDS.pop, expected.cases = SIDS.expected,
  pop.upper.bound = 0.5, n.simulations = 9999,
  alpha.level = 0.05, plot = TRUE)
```

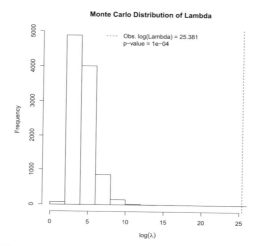

図 B.1 帰無仮説のもとで生成されたモンテカルロ標本

Circular scan 法は**kulldorff** 関数によって実行される．ここに，期待
死亡数を意味する引数**expected.cases** を指定した場合は Poisson モデ
ル，この引数に何も指定しない場合 (NULL) は Bernoulli モデルに基づい
た対数尤度比が算出される．引数**pop.upper.bound** はウィンドウ内に許
容する**population** の臨界値を指定する．上記のコードでは総出生数の半
分 (0.5) としている．引数**n.simulations** はモンテカルロ検定の繰り返
し数を指定する．また，引数**plot = TRUE** とすることで，帰無仮説のも
とで生成されたモンテカルロ標本の様子を確認できる（図 B.1）．

検出されたホットスポットに関する具体的な情報は，次のコードで確認
できる．なおここに，引数**alpha.level** で指定した値以下の p 値になる
ホットスポットだけが結果として返される．

```
###第 1 ホットスポット
> SIDS.circ$most.likely.cluster
$location.IDs.included
[1] 94 96 98 86 92
```

```
$population
[1] 36376

$number.of.cases
[1] 139

$expected.cases
[1] 72.66942

$SMR
[1] 1.912772

$log.likelihood.ratio
[1] 25.38068

$monte.carlo.rank
[1] 1

$p.value
[1] 1e-04
```

第 2 ホットスポット以降

```
> SIDS.circ$secondary.clusters
[[1]]
[[1]]$location.IDs.included
[1]  5 16  6

[[1]]$population
[1] 14388

[[1]]$number.of.cases
[1] 59

[[1]]$expected.cases
[1] 28.74334
```

```
[[1]]$SMR
[1] 2.05265

[[1]]$log.likelihood.ratio
[1] 12.48472

[[1]]$monte.carlo.rank
[1] 1

[[1]]$p.value
[1] 1e-04


[[2]]
[[2]]$location.IDs.included
[1] 85

[[2]]$population
[1] 3445

[[2]]$number.of.cases
[1] 19

[[2]]$expected.cases
[1] 6.882179

[[2]]$SMR
[1] 2.760753

[[2]]$log.likelihood.ratio
[1] 7.225956

[[2]]$monte.carlo.rank
[1] 358
```

```
[[2]]$p.value
[1] 0.0358
```

B.2 パッケージ rsatscan の利用

R パッケージ rsatscan (Kleinman, 2015) は，ソフトウェア SaTScan^{TM} を R で行うためのツールで，

Step1) SaTScan^{TM} で読み取り可能な形式のデータファイルの生成と出力
Step2) 解析の種類に応じた SaTScan^{TM} の各種パラメータ設定
Step3) SaTScan^{TM} の実行

という手順で進められる．なお，このパッケージを使用するためには，OS に SaTScan^{TM} がインストールされている必要がある．実際に，5.1.2 項で紹介した SIDS データのホットスポット検出を rsatscan を用いて行ってみよう．

```
###rsatscan パッケージのインストールとロード
> install.packages("rsatscan")
> library(rsatscan)

###SIDS データの準備
> install.packages("spData")
> library(spData)
> data(nc.sids)

###SIDS 死亡数，出生数の算出
> SIDS.cas <- nc.sids$SID74 + nc.sids$SID79
> SIDS.pop <- nc.sids$BIR74 + nc.sids$BIR79
```

```
###郡庁所在地の座標を取得
> nc.geo <- cbind(nc.sids$east, nc.sids$north)
```

Step1) 解析に必要な郡ごとの SIDS 死亡数，出生数，郡庁所在地の座標の情報を，それぞれ R 上で SaTScan™ に読み込む形式のデータフレームとして生成し，それらを外部ファイルとして出力する．

```
###各情報を領域 ID と対応させてデータフレームを生成
> ID_SIDS.cas <- data.frame(ID = 1:100, SIDS.cas)
> ID_SIDS.pop <- data.frame(ID = 1:100, 1, SIDS.pop)
> ID_nc.geo <- data.frame(ID = 1:100, nc.geo)

###SaTScan で読み込むファイルの出力場所の指定
> td = tempdir()

###SIDS 死亡数，出生数，郡庁所在地の座標を記述したファイルの出力
> write.cas(ID_SIDS.cas, td, "SIDS")
> write.pop(ID_SIDS.pop, td, "SIDS")
> write.geo(ID_nc.geo, td, "nc")
```

write.cas 関数は，SaTScan™ で読み込むための外部ファイルとして観測数の情報を出力する関数で，ここでは SIDS 死亡数が記述されているデータフレームの ID_SIDS.cas を，SIDS.cas というファイル名で指定した場所 (td) に出力している．同様に，write.pop 関数によって出生数を記述したファイル SIDS.pop が，write.geo 関数によって位置座標を記述したファイル nc.geo が，それぞれ出力されている．

Step2) SaTScan™ を実行する際の各種パラメータを設定する．rsatscan で指定できるパラメータは非常に多岐にわたり，その内訳は ss.options() によって確認することができる[1]．

---

[1] 各パラメータの詳しい意味については，SaTScan™ のヘルプを参照されたい．

```
> ss.options()
  [1]  "[Input]"
  [2]  ";case data filename"
  [3]  "CaseFile="
  [4]  ";control data filename"
  [5]  "ControlFile="
  [6]  ";time precision (0=None, 1=Year, 2=Month, 3=Day,
       4=Generic)"
  [7]  "PrecisionCaseTimes=1"
  [8]  ";study period start date (YYYY/MM/DD)"
  [9]  "StartDate=2000/1/1"
 [10]  ";study period end date (YYYY/MM/DD)"
 [11]  "EndDate=2000/12/31"
 [12]  ";population data filename"
 [13]  "PopulationFile="
 [14]  ";coordinate data filename"
 [15]  "CoordinatesFile="
   :
   :
```

　まずは [Input] のカテゴリーにあるパラメータ CaseFile,
PopulationFile, CoordinateFile に対し, **Step1** で作成した SIDS 死
亡数, 出生数, 郡庁所在地の座標のファイルをそれぞれ指定する. なお,
デフォルトでは CaseFile が持つ時間情報 (PrecisionCaseTimes) までも
読み込むように設定されているが, いまは時間情報は用いていないため,
〔0=None〕を選択しておく. さらに, デフォルトでは位置座標情報を緯
度・経度情報〔1=latitude/longitude〕として処理する（地球の形状に
依存した調整が行われる）ため, ここでは位置座標情報の種類
(CoordinatesType) を, 直交座標系〔0=Cartesian〕に変更しておく.

```
###SIDS 死亡数, 出生数, 郡庁所在地の座標のファイル名を指定
> ss.options(list(CaseFile = "SIDS.cas"))
> ss.options(list(PopulationFile = "SIDS.pop"))
```

```
> ss.options(list(CoordinatesFile = "nc.geo"))
```

```
###時間情報は使用しないよう指定
> ss.options(list(PrecisionCaseTimes = 0))
```

```
###郡庁所在地の座標の種類を Cartesian(0) に指定
> ss.options(list(CoordinatesType = 0))
```

　次に，分析の種類とモデルを指定する．いま，Poisson モデルに基づいた空間的なホットスポットについて探索を行うので，[Analysis] のカテゴリーにあるパラメータ AnalysisType に空間集積性〔1=Purely Spatial〕，ModelType にポアソンモデル〔0=Discrete Poisson〕をそれぞれ選択する．

```
###分析の種類を Purely Spatial(1) に指定
> ss.options(list(AnalysisType = 1))
```

```
###モデルを Discrete Poisson(0) に指定
> ss.options(list(ModelType = 0))
```

　続いて [Spatial Window] のカテゴリーにあるパラメータ MaxSpatialSize InPopulationAtRisk を利用して，ウィンドウ内に許容する出生数の臨界値を総出生の半分 (50%) と指定する．検出されたホットスポットの有意性の評価については，[Inference] のカテゴリーにあるパラメータ PValueReportType から，本書で紹介した一般的なモンテカルロ法を用いることとし〔Standard Monte Carlo=1〕，さらにその繰り返し数 (MonteCarloReps) は 9999 回とする．

```
###ウィンドウの臨界値を総出生数の半分 (50%) に指定
> ss.options(list(MaxSpatialSizeInPopulationAtRisk = 50))
```

```
###モンテカルロ検定の種類を Standard Monte Carlo(1) に指定
```

```
> ss.options(list(PValueReportType = 1))
```

```
###モンテカルロ検定の繰り返し数を 9999 回に指定
> ss.options(list(MonteCarloReps = 9999))
```

　また，Poisson モデルを用いる場合，デフォルトでは Gini cluster (Han et al.,2016) が出力されるように設定されているため，[Spatial Output] のカテゴリーにあるパラメータ ReportGiniClusters の内容を変更しておく．

```
###Gini cluster については出力しないよう指定
> ss.options(list(ReportGiniClusters = "n"))
```

　最後に，これまで設定してきたパラメータを SaTScan^{TM} 実行時に読み込ませるために，write.ss.prm 関数によって外部ファイル (SIDS.prm) に出力する．

```
###パラメータ情報を記述したファイルの出力
> write.ss.prm(td, "SIDS")
```

なお，設定した各種パラメータは次のコードによってリセットできる．

```
###各種パラメータをデフォルトの状態に戻す
> invisible(ss.options(reset = TRUE))
```

Step3) satscan 関数は，バックグラウンドで SaTScan^{TM} を起動し実行する．それぞれ，引数 prmlocation に **Step2** で作成したパラメータファイルの場所，引数 prmfilename にそのファイル名（拡張子は含めない），引数 sslocation に SaTScan^{TM} のバッチファイルの場所を指定する[2]．

---

[2]通常は SaTScan^{TM} がインストールされているディレクトリを指定すればよい．OS が Windows 10 の場合，C:/Program Files/SaTScan または C:/Program Files (x86)/SaTScan のどちらかになる．

また，引数に verbose = TRUE を記述しておくことで，SaTScan™ の実行状況を R のコンソール画面で確認できる．

```
###Circular scan 法の実行
> SIDS.circ <- satscan(prmlocation = td, prmfilename = "SIDS",
  sslocation = "C:/Program Files/SaTScan")
> SIDS.circ
    :
    :
CLUSTERS DETECTED

1.Location IDs included.: 94, 96, 98, 86, 92
  Coordinates / radius..: (302,51) / 27.86
  Population...........: 36376
  Number of cases......: 139
  Expected cases.......: 72.67
  Annual cases / 100000.: 381.3
  Observed / expected...: 1.91
  Relative risk........: 2.01
  Log likelihood ratio..: 25.380685
  P-value..............: 0.0001

2.Location IDs included.: 5, 16, 6
  Coordinates / radius..: (385,176) / 26.00
  Population...........: 14388
  Number of cases......: 59
  Expected cases.......: 28.74
  Annual cases / 100000.: 409.2
  Observed / expected...: 2.05
  Relative risk........: 2.10
  Log likelihood ratio..: 12.484724
  P-value..............: 0.0002

3.Location IDs included.: 85
  Coordinates / radius..: (240,75) / 0
```

```
    Population............: 3445
    Number of cases.......: 19
    Expected cases........: 6.88
    Annual cases / 100000.: 550.4
    Observed / expected...: 2.76
    Relative risk.........: 2.78
    Log likelihood ratio..: 7.225956
    P-value...............: 0.0374


4.Location IDs included.: 64, 65
       :
       :
```

参考文献

[1] Abrams, A., Kleinman, K. and Kulldorff, M. (2010), Gumbel based p-value approximations for spatial scan statistics, *International Journal of Health Geographics* **9**, 61.

[2] Bhatt, V. and Tiwari, N. (2014), A spatial scan statistic for survival data based on Weibull distribution, *Statistics in Medicine* **33**(11), 1867-1876.

[3] Brunsdon, C. and Comber, L.（著），湯谷啓明・工藤和奏・市川太祐（訳）(2018), R による地理空間データ解析入門, 共立出版.

[4] Chen, C., Kim A.Y., Ross, M. and Wakefield, J. (2018), *SpatialEpi v1.2.3: Methods and Data for Spatial Epidemiology*, https://CRAN.R-project.org/package=SpatialEpi（閲覧日：2020 年 9 月 4 日）

[5] Costa, M.A., Assunção, R.M. and Kulldorff, M. (2012), Constrained spanning tree algorithms for irregularly-shaped spatial clustering, *Computational Statistics & Data Analysis* **56**(6), 1771-1783.

[6] Cressie, N. (1993), *Statistics for Spatial Data*, Wiley.

[7] Cressie, N. and Read, T.R.C. (1985), Do sudden infant deaths come in clusters?, *Statistics and Decisions: an international mathematical journal for stochastic methods and models*, Supplement 2, 333-349.

[8] Cressie, N. and Chan, N.H. (1989), Spatial modeling of regional variables, *Journal of the American Statistical Association* **84**(406), 393-401.

[9] Duczmal, L. and Assunção, R.A. (2004), A simulated annealing strategy for the detection of arbitrarily shaped spatial clusters, *Computational Statistics and Data Analysis* **45**(2), 269-286.

[10] French, J. (2020), *Smerc v1.2: Statistical Methods for Regional Counts*, https://CRAN.R-project.org/package=smerc（閲覧日：2020 年 9 月 4 日）

[11] 古谷知之 (2011), R による空間データの統計分析, 朝倉書店.

[12] Gelfand, A.E., Diggle, P.J., Fuentes, M. and Guttorp, P. (Eds.) (2010), *Handbook of Spatial Statistics*, Chapman & Hall/CRC.

[13] Glaz, J., Pozdnyakov, V. and Wallenstein, S. (Eds.) (2009), *Scan Statistics: Methods and Applications, Statistics for Industry and Technology*, Birkhäuser.

[14] Han J., Zhu, L., Kulldorff, M. Hostovich, S., Stinchcomb, D.G., Tatalovich,

Z., Lewis, D.R. and Feuer, E.J. (2016), Using Gini coefficient to determining optimal cluster reporting sizes for spatial scan statistics, *International Journal of Health Geographics* **15**(1), 27.

[15] Huang, L., Kulldorff, M. and Gregorio, D. (2007), A spatial scan statistic for survival data, *Biometrics* **63**(1), 109-118.

[16] Huang, L., Tiwari, R., Zuo, J., Kulldorff, M. and Feuer, E. (2009), Weighted normal spatial scan statistic for heterogeneous population data, *Journal of the American Statistical Association* **104**(487), 886-898.

[17] Ishioka, F. (2020), *echelon v0.1.0: The Echelon Analysis and the Detection of Spatial Clusters using Echelon Scan Method*, https://CRAN.R-project.org /package=echelon（閲覧日：2020 年 9 月 4 日）

[18] Ishioka, F., Kurihara, K., Suito, H., Horikawa, Y. and Ono, Y. (2007). Detection of hotspots for 3-dimensional spatial data and its application to environmental pollution data, *Journal of Environmental Science for Sustainable Society* **1**, 15-24.

[19] 石岡文生, 栗原考次 (2012), Echelon 解析に基づくスキャン法によるホットスポット検出について, 統計数理 **60**(1), 93-108.

[20] Ishioka, F. and Kurihara, K. (2012), Detection of spatial clustering using echelon scan, *Proceedings of the 20th International Conference on Computational Statistics (COMPSTAT2012)* (Edited by Colubi, A. et al.), Physica-Verlag, 341-352.

[21] Ishioka, F., Kawahara, J., Mizuta, M., Minato, S. and Kurihara, K. (2019), Evaluation of hotspot cluster detection using spatial scan statistic based on exact counting, *Japanese Journal of Statistics and Data Science* **2**(1), 241-262.

[22] Ishioka, F. and Kurihara, K. (2021), Detection of space-time cluster for radiation monitoring post data: an application of echelon scan method to point referenced data, *Studies in Classification, Data Analysis, and Knowledge Organization* (Edited by T. Imaizumi et al.), Springer. (accepted)

[23] Jung, I., Kulldorff, M. and Klassen, A. (2007), A spatial scan statistic for ordinal data, *Statistics in Medicine* **26**(7), 1594-1607.

[24] Jung, I., Kulldorff, M. and Richard, O.J. (2010), A spatial scan statistic for multinomial data, *Statistics in Medicine* **29**(18), 1910-1918.

[25] Kajinishi, S., Ishioka, F. and Kurihara, K. (2019), *EcheScan v0.2.0: Web application for echelon analysis and echelon scan technique*, https:// fishi.ems.okayama-u.ac.jp/EcheScan（閲覧日：2020 年 9 月 4 日）

[26] Kim, S., Hayashi, K. and Kurihara, K. (2014), Geostatistical Data Analysis with Outlier Detection, *Journal of the Korean Data Analysis Society* **16**(5),

2285-2297.

[27] Kleinman, K. (2015), *rsatscan v0.3.9200: Tools, Classes, and Methods for Interfacing with SaTScan Stand-Alone Software*, `https://CRAN.R-project.org/package=rsatscan` (閲覧日：2020 年 9 月 4 日)

[28] Kulldorff, M. (1997), A spatial scan statistic, *Communications in Statistics: Theory and Methods* **26**(6), 1481-1496.

[29] Kulldorff, M. (2001), Prospective time periodic geographical disease surveillance using a scan statistic, *Journal of the Royal Statistical Society, Series A* **164**(1), 61-72.

[30] Kulldorff, M. and Nagarwalla, N. (1995), Spatial disease clusters: Detection and inference, *Statistics in Medicine* **14**(8), 799-810.

[31] Kulldorff, M., Feuer, E.J., Miller, B.A., Athas, W.F. and Key, C.R. (1998), Evaluating cluster alarms: A space-time scan statistic and brain cancer in Los Alamos, *American Journal of Public Health* **88**(9), 1377-1380.

[32] Kulldorff, M., Heffernan, R., Hartman, J., Assunçâo, R.M. and Mostashari, F. (2005), A space-time permutation scan statistic for the early detection of disease outbreaks, *PLoS Medicine* **2**(3), e59.

[33] Kulldorff, M., Huang, L., Pickle, L. and Duczmal, L. (2006), An elliptic spatial scan statistic, *Statistics in Medicine* **25**(22), 3929-3943.

[34] Kulldorff, M., Mostashari, F., Duczmal, L., Yih, K., Kleinman, K. and Platt, R. (2007), Multivariate spatial scan statistics for disease surveillance, *Statistics in Medicine* **26**(8), 1824-1833.

[35] Kulldorff, M., Huang, L. and Konty, K. (2009), A scan statistic for continuous data based on the normal probability model, *International Journal of Health Geographics* **8**, 58.

[36] Kulldorff, M. and Harvard Medical School, Boston and Information Management Services Inc. (2021), *SaTScan^{TM} v9.7: Software for the Spatial and Space-Time Scan Statistics*, `http://www.satscan.org` (閲覧日：2021 年 3 月 1 日)

[37] 栗原考次 (1996), データとデータ解析, 放送大学出版会.

[38] 栗原考次 (2001), データの科学, 放送大学出版会.

[39] 栗原考次 (2003), 階層的空間構造を利用したホットスポット検出, 計算機統計学 **15**(2), 171-183.

[40] Kurihara, K. (2004), Classification of geospatial lattice data and their graphical Representation, *Classification, Clustering, and Data Mining Applications* (Edited by D. Banks et al.), Springer, 251-258.

[41] Kurihara, K., Myers, W.L. and Patil, G.P. (2000), Echelon analysis of the relationship between population and land cover patterns based on remote

sensing data, *Community Ecology* **1**, 103-122.

[42] Kurihara, K., Ishioka, F. and Moon, S. (2006), Detection of Hotspots on Spatial Data by Using Principal Component Analysis, *Journal of the Korean Data Analysis Society* **8**(2), 447-458.

[43] 栗原考次・石岡文生 (2007), 空間データの階層構造による分類とその応用, 日本統計学会誌 **37**(1), Series J, 113-132.

[44] Kurihara, K., Ishioka, F. and Kajinishi, S. (2020), Spatial and temporal clustering based on the echelon scan technique and software analysis, *Japanese Journal of Statistics and Data Science* **3**(1), 313-332.

[45] 間瀬茂・武田純 (2007), 空間データモデリング（データサイエンス・シリーズ 7）, 共立出版.

[46] Myers, W.M., Patil, G.P. and Joly, K. (1997), Echelon approach to areas of concern in synoptic regional monitoring, *Environmental and Ecological Statistics* **4**, 131-152.

[47] Myers, W.M., Patil, G.P. and Taillie, C. (1999), Conceptualizing pattern analysis of spectral change relative to ecosystem status, *Ecosystem Health* **5**, 285-293.

[48] Myers, W.L., Kurihara, K., Patil, G.P. and Vraney, R. (2006), Finding upper level sets in cellular surface data using echelons and SaTScan, *Environmental and Ecological Statistics* **13**(4), 379-390.

[49] 沼田眞 (1996), 景相生態学, 朝倉出版.

[50] 小田牧子・石岡文生・正木隆・栗原考次 (2012), エシェロン階層構造を利用した森林の分類, データ分析の理論と応用 **2**(1), 17-31.

[51] Otani, T. and Takahashi, K. (2020), *rflexscan v0.3.1: The Flexible Spatial Scan Statistic*, https://CRAN.R-project.org/package=rflexscan（閲覧日：2020 年 9 月 4 日）

[52] Patil, G.P. and Taillie, C. (2004), Upper level set scan statistic for detecting arbitrarily shaped hotspots, *Environmental and Ecological Statistics* **11**, 183-197.

[53] Rogerson, P. and Yamada, I. (2008), *Statistical Detection and Surveillance of Geographic Clusters*, Chapman and Hall/CRC.

[54] 高橋邦彦・丹後俊郎 (2008), 疾病集積性の検定を用いた症候サーベイランス解析, 保健医療科学 **57**(2), 122-129.

[55] Takahashi, K., Yokoyama, T. and Tango, T. (2010), *FleXScan v3.1.2: Software for the Flexible Scan Statistic*, National Institute of Public Health Japan, https://sites.google.com/site/flexscansoftware/（閲覧日：2020 年 9 月 4 日）

[56] 竹村祐亮・石岡文生・栗原考次 (2021), Echelon scan 法による高リスクな空間ク

ラスター検出法の提案, 計算機統計学. (accepted)

[57] Tango, T. (2008), A spatial scan statistic with a restricted likelihood ratio, *Japanese Journal of Biometrics* **29**(2), 75-95.

[58] Tango, T. (2010), *Statistical methods for disease clustering, Statistics for Biology and Health*, Springer-Verlag.

[59] Tango, T. and Takahashi, K. (2005), A flexible spatial scan statistic for detecting clusters, *International Journal of Health Geographics* **4**, 11

[60] 丹後俊郎・横山徹爾・高橋邦彦 (2007), 空間疫学への招待 (医学統計学シリーズ 7), 朝倉書店.

[61] Tango, T. and Takahashi, K. (2012), A flexible spatial scan statistic with a restricted likelihood ratio for detecting disease clusters, *Statistics in Medicine* **31**(30), 4207-4218.

[62] Tomita, M., Hatsumichi, M. and Kurihara, K. (2008), Identify LD blocks based on hierarchical spatial data, *Computational Statistics & Data Analysis* **52**(4), 1806-1820.

[63] Tomita, M., Kurihara, K. and Moon, S. (2011), An Application to Select Tag Loci by Using Hierarchical Structures of DNA Markers, *Journal of the Korean Data Analysis Society* **13**(6), 2749-2762.

[64] 矢島美寛・田中潮 (2019), 時空間統計解析, 共立出版.

[65] Zhang, T., Zhang, Z. and Lin, G. (2011), Spatial scan statistics with overdispersion, *Statistics in Medicine* **31**(8), 762-774.

索　引

〈著者紹介〉

栗原考次（くりはら こうじ）

1984 年　九州大学大学院総合理工学研究科博士課程中途退学
現　　在　岡山大学学術研究院環境生命科学学域 教授
　　　　　理学博士
専　　門　統計科学，計算機統計学，時空間統計学
主　　著　『統計科学百科事典』（共訳，丸善出版，2018）
　　　　　『統計データ科学事典』（共著，朝倉書店，2007）
　　　　　『データの科学』（単著，放送大学教育振興会，2001）

石岡文生（いしおか ふみお）

2007 年　岡山大学大学院自然科学研究科博士後期課程修了
現　　在　岡山大学学術研究院環境生命科学学域 准教授
　　　　　博士（理学）
専　　門　統計科学，計算機統計学，空間統計学

統計学 One Point 19

エシェロン解析
—階層化して視る時空間データ—

Echeron Analysis:
Hierarchical Visualization for
Spatio-temporal Data

2021 年 8 月 15 日　初版 1 刷発行

著　者　栗原考次　　ⓒ 2021
　　　　石岡文生

発行者　南條光章

発行所　**共立出版株式会社**

〒112-0006
東京都文京区小日向 4-6-19
電話番号　03-3947-2511（代表）
振替口座　00110-2-57035
www.kyoritsu-pub.co.jp

印　刷　大日本法令印刷
製　本　協栄製本

検印廃止
NDC 417
ISBN 978-4-320-11270-4

一般社団法人
自然科学書協会
会員

Printed in Japan